JN070939

実践的技術者のための
電気電子系教科書シリーズ

電力工学

加藤 克巳
三島 裕樹 共著
井口　傑

理工図書

発刊に寄せて

人類はこれまで狩猟時代，農耕時代を経て工業化社会，情報化社会を形成し，その時代時代で新たな考えを導き，それを具現化して社会を発展させてきました。中でも，18世紀中頃から19世紀初頭にかけての第1次産業革命と呼ばれる時代は，工業化社会の幕開けの時代でもあり，蒸気機関が発明され，それまでの人力や家畜の力，水力，風力に代わる動力源として，紡績産業や交通機関等に利用され，生産性・輸送力を飛躍的に高めました。第2次産業革命は，20世紀初頭に始まり，電力を活用して労働集約型の大量生産技術を発展させました。1970年代に始まった第3次産業革命では電子技術やコンピュータの導入により生産工程の自動化や情報通信産業を大きく発展させました。近年は，第4次産業革命時代とも呼ばれており，インターネットであらゆるモノを繋ぐIoT（Internet of Things）技術と人工知能（AI: Artificial Intelligence）の本格的な導入によって，生産・供給システムの自動化，効率化を飛躍的に高めようとしています。また，これらの技術やロボティクスの活用は，過去にどこの国も経験したことがない超少子高齢化社会を迎える日本の労働力不足を補うものとしても大きな期待が寄せられています。

このように，工業の技術革新はめざましく，また，その速さも年々加速しています。それに伴い，教育機関にも，これまでにも増して実践的かつ創造性豊かな技術者を育成することが望まれています。また，これからの技術者は，単に深い専門的知識を持っているだけでなく，広い視野で俯瞰的に物事を見ることができ，新たな発想で新しいものを生みだしていく力も必要になってきています。そのような力は，受動的な学習経験では身に付けることは難しく，アクティブラーニング等を活用した学習を通して，自ら課題を発見し解決に向けて主体的に取り組むことで身につくものと考えます。

本シリーズは，こうした時代の要請に対応できる電気電子系技術者育成のための教科書として企画しました。全23巻からなり，電気電子の基礎理論をしっ

かり身に付け，それをベースに実社会で使われている技術に適用でき，また，新たな開発ができる人材育成に役立つような編成としています。

　編集においては，基本事項を丁寧に説明し，読者にとって分かりやすい教科書とすること，実社会で使われている技術へ円滑に橋渡しできるよう最新の技術にも触れること，高等専門学校（高専）で実施しているモデルコアカリキュラムも考慮すること，アクティブラーニング等を意識し，例題，演習を多く取り入れ，読者が自学自習できるよう配慮すること，また，実験室で事象が確認できる例題，演習やものづくりができる例題，演習なども可能なら取り入れることを基本方針としています。

　また，日本の産業の発展のためには，農林水産業と工業の連携も非常に重要になってきています。そのため，本シリーズには「工業技術者のための農学概論」も含めています。本シリーズは電気電子系の分野を学ぶ人を対象としていますが，この農学概論は，どの分野を目指す人であっても学べるように配慮しています。将来は，林業や水産業と工学の関わり，医療や福祉の分野と電気電子の関わりについてもシリーズに加えていければと考えています。

　本シリーズが，高専，大学の学生，企業の若手技術者など，これからの時代を担う人に有益な教科書として，広くご活用いただければ幸いです。

　2016 年 9 月　　　　　　　　　　　　　　　　　　　編集委員会

iii

実践的技術者のための電気・電子系教科書シリーズ
編集委員会

〔委員長〕柴田尚志　一関工業高等専門学校校長
　　　　　　　博士（工学）（東京工業大学）
　　　　　　1975 年　茨城大学工学部電気工学科卒業
　　　　　　1975 年　茨城工業高等専門学校（助手，助教授，教授を経て）
　　　　　　2012 年　一関工業高等専門学校校長　現在に至る
　　著書　電気基礎（コロナ社，共著），電磁気学（コロナ社，共著），電気回路 I（コロナ社），身近な電気・節電の知識（オーム社，共著），例題と演習で学ぶ電磁気学（森北出版），エンジニアリングデザイン入門（理工図書，共著）

〔委員〕（五十音順）

　青木宏之　東京工業高等専門学校教授（現職）
　　　　　　　（学位，博士（工学）（東京工業大学）
　　　　　　1980 年　山梨大学大学院工学研究科電気工学専攻修了
　　　　　　1980 年　（株）東芝，日本語ワープロの設計・開発に従事
　　　　　　1991 年　東京工業高等専門学校（講師，助教授を経て）
　　　　　　2001 年　東京工業高等専門学校教授　現在に至る
　　著書　Complex-Valued Neural Networks Theories and Applications（World Scientific，共著）

　高木浩一　岩手大学理工学部教授
　　　　　　　博士（工学）（熊本大学）
　　　　　　1988 年　熊本大学大学院工学研究科博士前期課程修了
　　　　　　1989 年　大分工業高等専門学校（助手，講師）
　　　　　　1996 年　岩手大学助手，助教授，准教授，教授　現在に至る
　　著書　高電圧パルスパワー工学（オーム社，共著），大学一年生のための電気数学（森北出版，共著），放電プラズマ工学（オーム社，共著），できる！電気回路演習（森北出版，共著），電気回路教室（森北出版，共著），はじめてのエネルギー環境教育（エネルギーフォーラム，共著）など

　高橋　徹　大分工業高等専門学校教授
　　　　　　　博士（工学）（九州工業大学）
　　　　　　1986 年　九州工業大学大学院修士課程電子工学専攻修了
　　　　　　1986 年　大分工業高等専門学校（助手，講師，助教授を経て）
　　　　　　2000 年　大分工業高等専門学校教授　現在に至る
　　著書　大学一年生のための電気数学（森北出版，共著），できる！電気回路演習（森北出版，共著），電気回路教室（森北出版，共著），
　　編集　宇宙へつなぐ活動教材集（JAXA 宇宙教育センター）

田中秀和 大同大学教授

博士(工学)（名古屋工業大学），技術士（情報工学部門）
1973 年　名古屋工業大学工学部電子工学科卒業
1973 年　川崎重工業（株）ほかに従事し，
1991 年　豊田工業高等専門学校（助教授，教授）
2004 年　大同大学教授（2016 年からは特任教授）

著書　QuickC トレーニングマニュアル（JICC 出版局），C 言語によるプログラム
設計法（総合電子出版社），C++によるプログラム設計法（総合電子出版社），
C 言語演習（啓学出版，共著），技術者倫理―法と倫理のガイドライン（丸善，
共著），技術士の倫理　（改訂新版）（日本技術士会，共著），実務に役立つ技術
倫理（オーム社，共著），技術者倫理　日本の事例と考察（丸善出版，共著）

所　哲郎 岐阜工業高等専門学校教授

博士(工学)（豊橋技術科学大学）
1982 年 豊橋技術科学大学大学院修士課程修了
1982 年 岐阜工業高等専門学校（助手，講師，助教授を経て）
2001 年 岐阜工業高等専門学校教授 現在に至る

著書　学生のための初めて学ぶ基礎材料学（日刊工業新聞社，共著）

所属は 2016 年 11 月時点で記載

まえがき

　現代の産業や経済，生活を支えるために電気エネルギーが果たす役割については多くの人が認識していることと思います。発電所で得られた電気エネルギーを電気の使用場所である家庭や工場，ビル等へ供給するための，ハードウェアやソフトウェアの一群を，電力システムとよびます。

　日本における電力システムは，19世紀後半に外国から導入され，その後は，時代とともに拡張，整備されてきました。とりわけ戦後の高度経済成長期には，電力システムの規模の拡大を急速に進め，併せてシステムの安定性を高めるための制御技術の向上を進め，現在に至っています。もちろんその過程では様々な新技術が開発され，導入されています。これから電力工学を学ぶ諸君はまず，現在の電力システムにおいて用いられる様々な技術について理解し，修得することが求められます。

　一方，このように発展してきた電力システムですが，近年，それをとりまく課題が数多く提起されています。ここでは例を3つ挙げます。1つ目は，環境問題への対応です。火力発電によるCO_2排出などの，地球温暖化問題がよく取り上げられますが，それだけではありません。本書でもその一端について詳しく紹介しています。2つ目は，大規模な自然災害への対応です。2011年3月の東日本大震災では，大地震によって多くの大規模発電所が運転停止を余儀なくされ，電力不足が深刻化しました。また，その時に生じた原子力発電所の事故については，現在も全面解決には至っていません。2018年9月には，北海道で起きた大地震を発端として発電所が次々と停止し，北海道全域にわたる大規模停電（ブラックアウト）が発生しました。2019年9月には千葉県で，台風による送電線被害のため，数万軒規模の停電が1週間以上続く事態となっています。大規模停電とその長期化は，生活や産業に深刻な影響を与えかねず，対策が強く求められます。3つ目は，電力システムの老朽化に対する対応です。先ほども述べたように，現在の電力システムは高度経済成長期に導入され，使用

開始から 50 年以上経過したものも多く，すでに老朽化が原因とみられる電力供給支障がたびたび発生しています。今後の大量更新の必要性も含め，解決が急がれます。

　これらの状況を鑑み，本書では，電力システムにおける課題を設定し，この課題を解決すべく，将来の電力システムのあるべき姿について自発的に考え，グループ内で議論し，それを提案していくための，能動的学習を取り入れることにしました。もちろん設定する課題は様々であり，人それぞれ，グループそれぞれであってもよいでしょう。そして，将来あるべき電力システムは，ただ一つの正解が存在するわけではありません。まずは各個人が自発的に考え，他人と意見を持ち寄り，様々な議論を通じてより良い解を求めていく，そのプロセスをぜひ体感してみてください。この時に，電力システムの場合も，電気エネルギーを得る発電の部分と，電気エネルギーの輸送である送電の部分など全体のバランスを取りながら向上させていく必要があることを理解してください。これは，例えば一般の工業製品でも，製品の生産能力を高めるだけでなく，その輸送能力の向上が伴わなければ意味がないのと同じです。

　このように，電力工学を学ぶ諸君には，単に電力工学の基礎知識を得るだけでなく，将来の電力システム像のあり方について考えていただきたいと思います。本書がその一助になれば幸いです。

　最後に本書を執筆するにあたり，理工図書株式会社の谷内宏之氏には大変お世話になりました。ここに記して深く感謝いたします。

　2019 年 9 月　　　　　　　　　　　　　　　　　　　　　著者一同

目　次

1章　電気エネルギーと
電力システム

　私たちの身の回りには，照明やエアコン，携帯電話やパソコン，冷蔵庫やテレビなど，電気を使う製品があふれている。家庭だけでなく，工場やビル，学校や病院，交通機関といった施設においても，電気は大量に使用されている。これらの電気は，ほとんどが「**電気エネルギー**」（**Electrical energy**）という形で発電所から送られてくるものである。

　電力工学では，「電気エネルギー」に関するさまざまな事柄について学ぶ。本章ではその全体像を把握することを狙いとする。1.1 ではエネルギーの中での電気エネルギーについて学ぶ。1.2 ではさまざまなエネルギー源を電気エネルギーに変換し*），それを消費者（需要家）に届けるまでに用いられているさまざまなシステム（電力システム）とその役割について学ぶ。1.3 では電力システムが自然環境や社会環境にもたらす影響や，影響を抑えるための対策技術，また太陽光や風力などの自然エネルギーの普及に必要な，あるいは，より柔軟で高効率な新しい電力システムについて学んでいく。

1.1　エネルギー資源と電気エネルギー

1.1.1　一次エネルギーと二次エネルギー

　はじめに，電気エネルギー以外も含めた，エネルギー全般について考えてみよう。

　エネルギーを分類すると，**一次エネルギー**（**Primary energy**）と二次エネ

---

*）エネルギー変換装置（発電機や太陽電池など）を用いて，さまざまなエネルギー源を電気エネルギーに変換する。たとえば，火力発電所は燃料を燃やした時の熱エネルギーを電気エネルギーに，太陽電池は，光のエネルギーを電気エネルギーに変換する

ルギー（**Secondary energy**）に分けることができる。一次エネルギーとは，たとえば石油，石炭，天然ガス，水力，原子力，風力などを指し，二次エネルギーとは一次エネルギーを変換した電気，熱などのエネルギーや，石油からつくられる重油，ガソリン，天然ガスからつくられる都市ガスなどの燃料を指す。このように，一次エネルギーはいわゆる**エネルギー資源**（**Energy resource**）であり，二次エネルギーは，一次エネルギーを加工して，一般的な消費者が使用しやすい形にしたエネルギー形態である。**表 1-1** に，代表的な一次エネルギーの種類と特徴をまとめる。

2017 年現在，世界全体における一次エネルギー消費量は，石油換算で約 135.1億トンであり [1]，ここ 10 年間で年平均約 1.6%の割合で増加している [1]。日本は 456 百万トンで，世界全体の約 3.4%となっている [1]。

表 1–1　一次エネルギーの種類と特徴

種類	例	長所	短所
化石燃料	石油 石炭 天然ガス	多くの実績がある エネルギー密度が高い	資源に限りがある 価格などが国際情勢に左右されやすい CO_2 の排出源となる
核	原子力	エネルギー密度が極めて高い CO_2 排出が少ない	放射性廃棄物処理の問題
化学	水素	環境に優しい 効率が高い	大量のエネルギーを出せない
自然	水力 太陽光 風力	資源が枯渇しない CO_2 排出が少ない （発電時はゼロ） 国産エネルギーである	自然に左右され，不安定 大きなエネルギー源になりにくい コストが高い

1.1.2 エネルギーフロー

次に，一次エネルギーから消費者がエネルギーを使用できるようになるまでに，どのような過程を経るかを追ってみよう。**図 1–1** に，**エネルギーフロー**と呼ばれる，一次エネルギーからエネルギー消費までの流れを示す。図の左端が一次エネルギーであり，さまざまな過程を経て右端の消費者の元へ届けられる。では，エネルギーを安定供給し，かつ効率よく使用できるようにするために必要な項目について，一般的な工業製品が消費者に届くまでの過程と比較しながら，順を追って見ていこう。

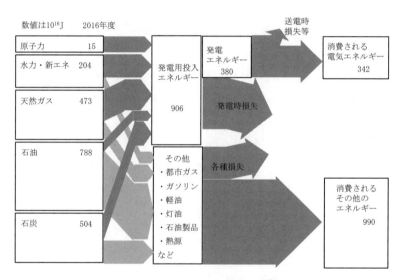

図 1–1　エネルギーフロー [2]

(1) 一次エネルギー（エネルギー資源）の確保

製造業では，製品の元となる原材料や部品の調達に相当するといえる。

図 1–1 の左端は，我が国における一次エネルギーとその消費量の内訳を示している。石油や石炭，天然ガスといった**化石燃料（Fossil fuels）**が大半を占め

ている。石油は、ガソリンや軽油・灯油等に使用される量が多く、発電用はわずかである。石炭は発電用が半分程度であり、残りは熱源等に用いられる。天然ガスは発電用と都市ガスがほぼ 2：1 の比率となっている。

　我が国はこれらの化石燃料のほとんどを輸入に頼っており、その調達は国際的な経済状況や政治状況に左右されやすい。また、化石燃料は CO_2 排出源であり、CO_2 の排出削減は国際的な取組み [*) となっている。これらの理由により、我が国は特に、化石燃料にできるだけ頼らないエネルギー資源の確保が求められているといえる。

(2)　一次エネルギーから電気エネルギーへの変換

　製造業では、原材料や部品を加工し組み立てて製品をつくることに相当する。電力システムにおいては、2 章で学ぶ「発電」に相当する。投入一次エネルギーの約 4 割が電気エネルギーに変換され、残りは発電損失となる。

(3)　電気エネルギーの伝送

　製造業では、工場で製造した製品を消費者まで届けることに相当する。電力システムにおいては、電気エネルギーをエネルギー消費者へ送り届けることである。3 章で学ぶ「送電」、「配電」、「変電」に相当する。送電・配電・変電の時に、発電量の約 7% の電力損失が発生する。

(4)　電気エネルギーの使用（消費）

　製造業では、製品を使用（消費）することに相当するが、電力システムにおける電気エネルギーは、照明、電熱、動力などの形、すなわち光、熱、運動などのエネルギー形態に再変換して消費されることが多い。近年では、LED 照明など、エネルギー効率の高い機器の使用による省エネルギーが求められている。

---

*) たとえば 2015 年 COP21 パリ大会で、日本政府は、国連機構枠組条約に、約束草案（INDC）として「2030 年までに 2013 年比 26% の温暖化ガス削減（CO_2 は 25%）」を提出している [3)

(5) 電気エネルギーの貯蔵

製造業では，製品を在庫として蓄えておくことに相当する。製品の在庫の役割は，製品の需要が増加した時に備えるなどの，製品の生産と消費の一時的なアンバランスを緩和することである。エネルギー貯蔵量に関してはエネルギーフローに現れるわけではないが，エネルギー需要変動に対応したエネルギー利用を考える上で重要な項目である。電力システムにおけるエネルギー貯蔵については，2.4.5 で学ぶ。

1.1.3 電気エネルギーと電力

(1) 電力と電力量，電気エネルギー

電力工学で用いる重要な概念として，**電力（Electric power）**と**電力量（Electric energy）**があり，これらを区別して扱う必要がある。電気回路ですでに学んだように，電力は単位時間あたりの電気エネルギーであり，単位は [W] である。電力工学では，実用的に [万 kW] や [MW]，[GW] といった単位がよく用いられる。一方，電力量は電力の時間積算であり，単位は [kWh] や [MWh]，[GWh] がよく用いられるが，これらはエネルギーと同じ物理量であり，[J] への換算が可能である。

(2) 電力化率

一次エネルギーのうち，発電のために投入される割合を**電力化率**という。電力化率（供給側）は 2015 年現在 43.1％であり*⁾⁴⁾，1994 年以降おおむね 40％台前半で推移している。

(3) 電気エネルギーの特徴

電気エネルギーの特徴は次のようにまとめられる。

---

*⁾電力化率の別の定義として，最終消費エネルギーに占める電気エネルギーの割合を示す場合もある（消費側電力化率）。この場合の電力化率は 2016 年で 25.7％となっている [2]

(a)　発電時に熱損失が発生する

　図1–1に戻り，中央上にある発電部に着目してみよう。この図から，発電用に投入される一次エネルギーのうち，電気エネルギーとして取り出せるのは40%程度であり，60%は損失である。損失の大半は発電時に発生する熱である。したがって，発電におけるエネルギー効率を高めるためには，発生した熱をそのまま捨ててしまうのではなく，いかに有効に活用するかが問われる。

　このための工夫として，**コンバインドサイクル発電（Combined-cycle power generation）** や，**コジェネレーションシステム（Cogeneration system）** の導入が促進されている。なお，コンバインドサイクル発電については2.2.2で，コジェネレーションシステムについては，2.4.4でそれぞれ詳しく述べる。

(b)　多量のエネルギーを遠距離にわたり効率よくかつ瞬時に伝送できる

　たとえば，多量の熱エネルギーを遠く離れた所まで高効率に伝送できないことは容易に想像できよう。電力システムの場合，発電所の出力エネルギーのうち，消費者に届くまでに失われる損失は7%程度であり，無視できるほどではないものの，小さな値である。

(c)　電気エネルギーは多量の貯蔵が困難である

　たとえば我が国では，不測の事態に備えて，約半年分の石油の備蓄が行われている [5]。天然ガスやガソリンなども，タンクへの貯蔵が可能である。しかし，日本で使用される電気エネルギー半年分を，たとえば蓄電池などを準備して蓄えておくことは，現実的に不可能である。

　電気エネルギーは多量の貯蔵ができないため，消費電力の需要に合わせて発電電力を常に調整する必要がある。すなわち，供給電力（発電電力から損失を除いたもの）＝消費電力の関係を常に維持する必要がある。これを**同時同量（Balancing）** という。消費電力は時々刻々と変化し，また季節による変動や地域による偏りも大きい。24時間365日，同時同量を非常に大規模な電力シス

テムで達成させるため，計画的な電力システム運用と高度かつ繊細なシステム制御，かつ不測の事態に備える十分な設備能力と制御能力が求められる。

(4)　電気エネルギーの運用
(a)　ベストミックスと電力システムの安定運用

　電気エネルギーは，水力や石油・天然ガス，原子力といった一次エネルギーを発電機によって変換して発生させる。では，これらの一次エネルギーをどのような割合で，どのように使うのが好ましいだろうか。

　我が国における発電設備容量（発電可能電力の合計）と発電電力量を，一次エネルギー別に表したものを図 1-2 に示す。このうち発電設備容量に着目すると，特定の一次エネルギー種に偏らないように，各種の発電設備をバランスよく構成していることが読み取れる。その理由は，表 1-1 に示したように，一次エネルギーはそれぞれ異なる長所・短所を有しているため，いくつかの一次エネルギーを組み合わせて使い，それぞれが他の短所をカバーする仕組みを導入することで，より安定した電力システムが実現できるためである。これを電源のベストミックスと呼ぶ。

　一方，発生電力量については，2011 年の東日本大震災の後，原子力の割合が大きく減少し，天然ガスや石炭が増加している様子が見て取れる。

(b)　負荷平準化と電力システムの経済的運用

　次に，消費電力の多い時間帯と少ない時間帯で，どの発電方式を用いるのが望ましいだろうか。これを示したものを図 1-3 に示す。この図において，1 日の電気消費量の変動を日負荷曲線（**Daily load curve**）という ＊)。なお，日負荷曲線は，季節や地域によって違いや特徴が現れる。同時同量の原則から，日

＊) 電気回路で「負荷」という言葉は，電源に対比させたものであり，電源が電気を送る部分，負荷は電気を受け取る部分，という意味合いが強い。電力工学で「負荷」という言葉は，電気を受け取る部分という意味の他，その部分の電力（有効電力。時として皮相電力を指すこともある）の大きさを指すのにしばしば使用される。電力の大きな状態のことを「重負荷」「大きな負荷」などという

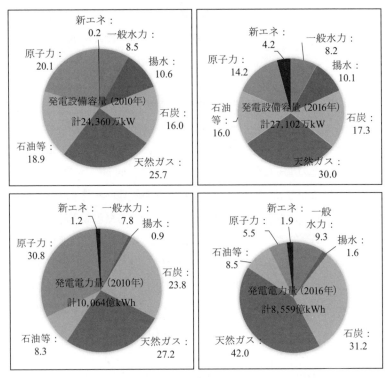

図 1-2　発電設備容量・発電電力量の内訳（単位％）[2, 6, 7]

　負荷曲線にあるような消費電力の時間変動に合わせて，発電量を追従させる必
要がある。

　電力システムを経済的に運用するために，各発電方式の発電コストなどを考
慮して，電源をベース電源，ミドル電源，ピーク電源の３つに分けて運用してい
る。さらに，発電設備の利用率向上を行うため，消費電力の最大値を抑え，消
費電力を平均化する。これを**負荷平準化（Load leveling）**という。

　負荷平準化のための手法として，主に２つが考えられる。ひとつは，消費電
力の少ない時間帯に余る電力を利用してエネルギーを貯めておき，消費電力の
多い時間帯に使用する，すなわちエネルギー貯蔵技術を用いる方法である。通

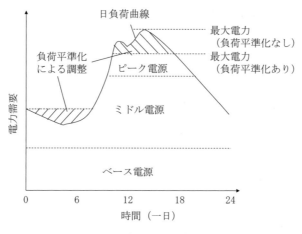

図 1-3　日負荷曲線と負荷平準化

常，電気エネルギーを他のエネルギー形態に変換し，エネルギー貯蔵を行う。その代表例は揚水発電である。

　もうひとつは，負荷の「見える化」により，電気エネルギーの使用者である需要家に使用状況を知らせることで，負荷ピーク時の電気使用を抑制し，ピーク時以外での電気使用へシフトを促す方法である。これを**デマンドレスポンス**（**Demand response，DR**）と呼ぶ。負荷のピーク時の電気使用を抑制する消費者行動を促進するため，需要のピーク時とそうでない時で，電気料金の差を設定する（動的価格設定）などの施策と併せて実施されることも行われている。このような，デマンドレスポンスによる負荷平準化を支えるシステムのひとつに，**EMS**（**Energy management system**）が挙げられる。

▶▶ 章末問題にチャレンジ！ ⇒ 1.1～1.10

1.2　電力システムの構成と基本事項

　ここでは，電気エネルギー利用を支える電力システムの全体構成とそれぞれ
の基本的役割について学ぶ。電力システムという言葉は，本書ですでに何度か
用いているが，**電力システム（Electric power system）**とは，一次エネル
ギーを電気エネルギーに変換し，これを輸送し，分配し，需要家に届けるため
に必要な一連のハードウェア・ソフトウェアを指すものとする。電力システム
の代わりに電力系統と呼ばれることもあるが，ほぼ同義と考えてよい。

1.2.1　電力供給と電力品質

　電力システムにおいてもっとも重要なことは，ユーザーが求める電力需要・
電力品質に応えるべく，常に安定した電力供給を行うことである。では，ユー
ザーが求める電力品質とはいかなるものであろうか。

　電力品質（Electric power quality）の一義的な定義はないが，一般的に
は優れた電力品質として，停電が少ない，周波数が一定，電圧が一定という 3 項
目が挙げられる。高品質の電力を供給するため，電力システムにおいて，種々
の装置を用いて制御を行うことで電力品質を維持している。なお電力品質につ
いては，3.2.1 で詳しく学ぶ。

　また，電力供給を安定化させるためには，電力供給を妨げるさまざまな要因
を分析し，それに対する対策が必要となる。図 1–4 に，電力システムにおける
供給支障の原因を示す。電力システムは，送電線や配電線が代表的な例である
ように，屋外に設置されることが多いため，厳しい自然環境にさらされている。
このため，供給支障の要因は，気象条件が半数程度を占める他，鳥獣や樹木が
電線に接触するなどの，自然環境にさらされることが原因による事例が大半を
占めている。

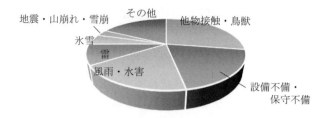

（全国10電力会社分。2016年）

図 1-4　電力供給支障の原因 [4]

1.2.2　集中電源と分散電源

　次に，電力システムにおける電源をどのように配置するかを考えてみる。電源の配置方式として，集中電源と分散電源の2つに大別できる。これらのイメージを図 1-5 に示す。**集中電源（Centralized generation）**は，需要家から離れたところにある火力発電や原子力発電といった，少数かつ大規模な発電所で電力を発生し，これを需要地まで送るといった方式である。このため必然的に長距離大電力伝送が必要となる。経済成長期には，電力需要の急激な増加に応えるため，大規模な発電所を急ピッチで建設する必要があり，このような方式の構築が経済的・効率的に有利とされていた。

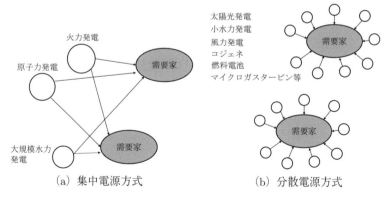

図 1-5　集中電源と分散電源

　一方近年では，太陽光，風力などの再生可能エネルギーの普及が急がれており，また，大災害などで大きな発電所や送電線が被災した時に，集中電源のみでは電力供給に重大な支障をきたすという懸念が出てきた。このような観点から，需要家の近くに小規模な電源を多数配置して，電源供給を行う**分散電源（Distributed generation）**が求められるようになった。分散電源の導入を実現するための電力システムとして，4章に示すような新しい技術が提唱されており，その代表が**スマートグリッド（Smartgrid）**と呼ばれるものである。

1.2.3　電力システムとシステム運用

　ここでは，電力システムで用いられるさまざまな要素について学ぶが，すでに電力システムが構築されている集中電源について説明し，分散電源については必要に応じて説明を加える。

(1)　交流と直流

　電力システムでは，海底ケーブル送電や異周波数連系といった特殊な用途で，**直流（Direct current, DC）**が用いられているが，大半は**交流（Alternating current, AC）**が用いられている。その理由は，3.2.1で学ぶように，電力システムでは送電電力や安定性，信頼性などを考慮して，さまざまな電圧を組み合わせて使用するのが有利とされており，交流であれば**変圧器（Transformer）**を使用して電圧の昇降が容易に行えるためである。他にも，許容レベルを超える大電流が電力システムに発生した時，それを**遮断（Interruption）**する技術が直流では確立されていないことが挙げられる。

　一方近年では，太陽光発電や燃料電池，またコンピュータの普及などにより，直流の使用割合が増えている。このため，直流送電（直流給電）の拡大の動きもみられる。特に今後，分散電源の拡大により，直流給電システムが導入される機会が増えてくるとみられる。

(2) 電圧と周波数

電力システムを含めた一般的な電気設備において，電気設備技術基準第 2 条では，**表 1–2** に示すように，電圧を低圧，高圧，特別高圧の 3 つに区分し，保安や運用を規制している。電力システムではさらに，送電電力や安定性，信頼性などを考慮して，さまざまな**電圧（Voltage）**が使用される。それは，たとえば道路でも高速道路から街中の生活道まで，さまざまな広さの道路が適切に配置され使用されるのと同じである。一般的には，大電力を長距離送るためには高い電圧，街中の各家庭などに電力を送るためには低い電圧と使い分けを行い，その間で何段階かの電圧が使用されるが，詳細は 3.2.1 で学ぶ。

周波数（Frequency）については，東日本は 50Hz，西日本は 60Hz が用いられている。50Hz 系と 60Hz 系は直接つなぐことはできないため，直流送電をはさんで電力の相互融通を行っている。なお，直流送電については 3.2.5 で詳しく学ぶ。

表 1–2　電気設備技術基準第 2 条における電圧区分

電圧の区分	交　流	直　流
低　圧	600V 以下	750V 以下
高　圧	600V を超え 7kV 以下	750V を超え 7kV 以下
特 別 高 圧	7kV を超えるもの	7kV を超えるもの

(3) 三相送電

電力システムでは一般的に，**図 1–6** に示す**三相 3 線式（Three-phase three-wire）**が用いられる。三相が用いられる理由は，産業機器（主に誘導電動機）の運転に必要な回転磁界の発生が容易なことや，電線 1 本あたりの送電電力を最大化できることなどが挙げられる。ただし電力システムの一部では，三相 4 線式や**単相（Single phase）**が用いられる。また前述の直流給電なども増加が見込まれており，今後電力システムにおける送電方式は多様化が進むものとみられる。

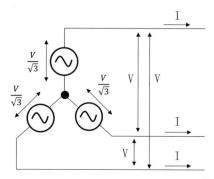

V:線間電圧 : I:線電流

図 1–6　三相 3 線式

　なお三相電力システムにおいては，電圧として線間電圧，電流として線電流，電力として三相電力が用いられることが多い。たとえば 50 万 V，2,500A の送電線という場合，線間電圧が 50 万 V，線電流が 2,500A であることを意味する。

(4)　接地方式・保護システム

　接地（Ground）は，混触（何らかの原因で高電圧回路が低電圧回路と電気的につながること）による異常時の電圧上昇を抑えるために必要である。送電システムにおける接地は一般的に，三相変圧器（Y 結線）の中性点を大地とつなぐことによって行われる。接地については，3.2.4 で詳しく学ぶ。

　また，過電圧・過電流が生じると，電力機器や送電線に損傷をもたらしたり，電力システムを制御不能に陥れる可能性があるため，適切な**保護システム（Protection system）**が必要となる。保護システムは，過電圧保護，過電流保護，およびこれらを制御する保護制御回路，過電流や過電圧の検出センサなどから構成される。本書では，3.2.4 と 3.4.2 で詳しく学ぶ。

(5)　電力自由化と発送電分離，広域運用

　電力システムは第二次世界大戦の後から，1 地域 1 電力会社という，地域独

占の形態がとられてきた。地域独占は，電力の安定供給に一定の役割を果たしてきた半面，競争原理が働かないなどの理由により，「電力自由化」の動きが強まり，1995 年から大口需要家については電力会社を選べるようになった。その後も段階的に電力自由化の対象が広がり，2016 年からはすべての需要家について，電力会社を選ぶことができるようになった。一方で，送変電設備を発電会社ごとに所有することは，設備面の冗長化につながることから，送変電設備については発電会社と分離し，複数の発電会社が，全国一体運用となる送変電設備に接続し利用するという形態がとられている。この時，発電会社間の競争において不公平が生じないように，送変電設備の運用は，公正中立な組織が間に入る形をとっている [8]。このような全国一体運用のことを**広域運用**と呼ぶが，電力自由化以前の時代においても，電力会社間の協議により，発電事業を含めて広域運用が行われてきた。なお，電力自由化については，4.1.1 で詳しく学ぶ。

1.2.4 電力システムの構成

電力システムは，大きく分けると，発電，送電，変電，配電の 4 つの部分から構成される。特に集中電源では，**図 1–7** に示すように，これらが明確に区分され，互いに連携・協調をとりながら運用を行っている。以下，それぞれの部分の役割について簡単に示す。

(1) 発電（Power generation）

一次エネルギーから電気エネルギーを取り出す部分である。2 章で詳しく学ぶ。

(2) 送電（Power transmission）

発電所で発生した電気エネルギーを需要地近くまで運ぶための部分である。3.2 で詳しく学ぶ。

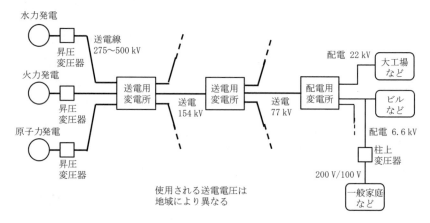

図 1–7　電力システムの構成（集中電源の場合）

(3)　変電（Power substation）

発電または送電された電力の電圧を目的に応じて変換し，使いやすい形にしたり，送電する電力を調整したり，異常発生時にシステムを保護したりするなど，多様な役割を有する。一部には小規模な蓄電装置を備えたものもある。3.4で詳しく学ぶ。

(4)　配電（Power distribution）

電気エネルギーを需要家（消費者）まで運ぶ部分である。3.3で詳しく学ぶ。

(5)　周波数変換, 交直変換（Frequency conversion, AC-DC conversion）

これらは法的には変電の一部と定義されているが，50Hz と 60Hz の異周波数連系を行うため，周波数変換所が設けられている。また，電力システムの一部には直流送電が導入されており，交流送電と直流送電の接続点に交直変換所が設けられている。電力自由化に伴う広域運用の強化のため，周波数変換所や交直変換所の増強が予定されている。3.2.5 で詳しく学ぶ。

(6)　制御（Control）

　制御には，同時同量を維持するため発電量を調整する制御や，電圧や周波数の変動を抑制するための制御，交流の同期を維持するための制御，その他電力システムが不安定な状況に陥らないようにするための制御などがある。また，電力システム全体の状態を良好に維持するための制御や，個別の制御，たとえば火力発電所の温度制御や水力発電所の流量制御などの制御もある。これらの一部については，3.2.1 で詳しく学ぶ。

(7)　監視，保護（Monitoring，Protection）

　送電線や電力機器は，落雷や断線などを原因とした過電圧や過電流が発生し，これにより送電線や電力機器に過大な電圧や電磁力，熱が生じ，供給支障が生じる原因となる。このことから，過電圧や過電流の発生をいち早く検出し，これらを抑制する保護システムを働かせることが必要になる。またこれらの保護システムが作動した後，いち早く電力システムを元の状態に復旧させるシステムが必要になる。電力システムでは，避雷器，遮断器，リレー，再閉路といった機器や仕組みを用いて，これらを実現している。3.2.4 で詳しく学ぶ。

▶ 章末問題にチャレンジ！⇒ 1.11～1.16

1.3　再生可能エネルギー利用，電気エネルギーと環境問題

　ここでは，近年利用拡大が促進されている新エネルギー，**再生可能エネルギー**（**Renewable energy**）の概要を述べる。また，電力システムを運用する上で必要となる環境対策技術について概要を述べる。

1.3.1　再生可能エネルギー

　再生可能エネルギーの詳しい定義は 2.4.1 で述べるが，身近な具体例でいえば「太陽光，風力，水力，地熱，バイオマス」などが位置付けられている[9]。

　再生可能エネルギーを用いる利点は，主に以下の 2 点である。

・資源枯渇の恐れが少なく，国産エネルギーが多い
・発電時に CO_2 を出さず，地球環境に優しい

　日本では，資源エネルギー庁から 2010 年に発表された「2030 年のエネルギー需給の姿」において，発電電力量に占める再生可能エネルギーの割合について，2030 年で 20％を目指すとしており，2018 年に発表された「第 5 次エネルギー基本計画」では，導入水準 22〜24％水準を目指すとしている [10]。各種別の発電容量（（　）内は 2030 年見通し）は，水力（小水力を含む）が 2013 年度で 4,745 万 kW（4,780 万〜5,040 万 kW），太陽光が 1,900 万 kW，風力が 2013 年度で 271 万 kW，地熱が 52 万 kW（90〜140 万 kW），バイオマスが 252 万 kW（408 万 kW 以上）などとなっている [11]。

　なお，再生可能エネルギーにおいては，従来の発電方式に比べて，発電単価が高いことがネックになっていた。そこで再生可能エネルギー導入促進のため，2012 年から，再生可能エネルギーで発生した電気を定められた価格で買い取ることを義務付けた**固定価格買取制度（Feed-in Tariff，FIT）**が導入された。

1.3.2　再生可能エネルギーの利用技術

　地熱や小水力などは，変動の小さい，出力の安定した再生可能エネルギーである。一方，太陽光や風力発電の出力は，気象条件に左右されやすく，突発的な変化も生じやすいため，そのままでは同時同量の維持に支障をきたすことになる。このため，大規模な太陽光発電設備の場合，発電電力の自然変動を抑制するために**電気エネルギー貯蔵（Electric energy storage）**との併用が不可欠である。なお，太陽光発電は直流発電であり，二次電池などの蓄電装置も通常直流の電気が蓄えられることになるため，交流系とつないで用いるためには，**パワーコンディショナ（Power conditioner）**（交直変換と波形整形を併せた装置）と呼ばれる装置を介する必要がある。なお，電気エネルギー貯蔵についての詳細は 2.4.5 で学ぶので，ここでは割愛する。

1.3.3　エネルギー利用と環境問題

電力システムは，地球環境や生活環境と密接に関わりあいながら運用されている。当然，地球環境や生活環境を著しく悪化させるものであってはならない。本項では，上で述べた再生可能エネルギー利用以外の，電力システムを取り巻く各種環境対策について，現在開発途上の技術も含めて学ぶことにする。

(1)　発電時の排出ガス（CO_2，NO_x，SO_x）や温排水の抑制

化石燃料を用いた火力発電では，有害ガスである窒素酸化物（NO_x）や硫黄酸化物（SO_x），さらにはばいじんなども発生する。発電所においては，これらの物質を，化学処理や電気処理を用いることで取り除いた後，大気に放出している。詳細は 2.2.3 で学ぶ。また温排水も発生するが，これについては生態系や漁業への影響を考慮し，排水温度と周囲海水温度の温度差に上限を設けている。

また火力発電所は，地球温暖化をもたらす CO_2 ガスの排出源となっている[*]。火力発電における CO_2 排出抑制のため，一層の効率向上が求められるが，その一方で，CCS（CO_2 回収，貯留技術）が注目されている。詳細は 2.2.3 で取りあげる[12]が，CCS による CO_2 削減の割合は 14%〜17% と試算されている[13]。

またこれとは別に，人工光合成を用いて CO_2 を化学的に処理する装置の開発も進められている。人工光合成では，CO_2 回収と同時に，回収処理によって化学エネルギーとしてのエネルギー貯蔵も可能になるため，エネルギー利用の効

---

[*] 現在世界の温暖化ガス排出量は CO_2 換算で年間約 30Gt である。IEA（国際エネルギー機関）が発表した「エネルギー技術展望 2012」では，対策を施さない場合，2050 年までに CO_2 排出量は倍増し，年間約 60Gt 程度まで増加すると予想されており，これにより地球温暖化の影響は 2100 年時点で 4〜5 ℃上昇すると算出されている。これについて，温暖化による気温の上昇を 2 ℃以下に抑えるためには，CO_2 累積排出量を 2050 年までに 2010 年レベルより半減する，すなわち年間 15Gt 程度に抑える必要があるとされている[14]。すなわち，対策によって 2050 年の排出量は 4 分の 1（75%減）に抑制する必要があるとされている。なお，COP21（2015 年，パリ大会）において，地球温暖化による気温上昇を 2 ℃以下に抑えるための施策を講じることを世界的な取組みとして行うことが採択されており，日本政府はこれに先立ち，国連機構枠組条約に，約束草案（INDC）として「2030 年までに 2013 年比 26%の温暖化ガス削減（CO2 は 25%）」を提出している[15]

率化と CO_2 排出削減を同時に実現できる技術として注目されている。

(2)　省エネルギー（損失低減，熱利用，高効率化）

　省エネルギーは，エネルギーの消費量を抑制することで，あるいはエネルギー利用の効率化を図ることで，エネルギー資源の使用を抑え，それによって CO_2 排出も抑えようとする考えである。このためには，電力システム内部で生じる損失の低減，消費電力そのものの低減の 2 つが考えられる。損失の低減としては，以下の技術開発が行われている。

(a)　熱回収と再利用（コンバインドサイクル発電，コジェネレーションシステム）の拡大による発電効率の向上

　コンバインドサイクル発電やコジェネレーションの促進により，エネルギー効率の向上を図る。現在，石炭資源の有効利用の観点から，石炭火力発電の効率向上を狙い，石炭をガス化してからガスタービン発電に用いることで燃焼効率を高めた石炭ガス化複合発電（IGCC）が試験運転されている。この発電方式では，トリプル複合（トリプルコンバインドサイクル）発電の実現により，熱効率を 60%以上にまで高めることができるとされている [16]。このため，耐熱材料の開発が進められている。

(b)　送電・配電時の損失低減

　送電損失は電線に含まれる抵抗が主要因であり，RI^2 で表される。このため，送電の高電圧化による電流低減が有効である。他には力率の改善による電流低減などが挙げられる。

　究極的には抵抗ゼロとなる超電導送電の実用化が期待されている。超電導とは，電線を極低温まで冷やすと抵抗が 0 になる現象であり，送電損失が発生しない [*]。現在，液体窒素で冷却した超電導電力ケーブルの実証試験や実システ

---

[*] 交流送電の場合，誘電損失など抵抗によるもの以外の損失が発生する

ムに接続した状態での運転が行われている [17]。

(c) 変電所における損失低減

変電所における損失の多くは変圧器における損失であり，アモルファス鉄心など，変圧器鉄心材料の改良などが行われている [18]。

(d) 消費電力の低減

たとえば，蛍光灯を LED 照明に置き換えたり，冷蔵庫やエアコンなどで，古い電気製品をより消費電力の少ない（効率の高い）製品に置き換える，などが考えられる。

(3) 絶縁材料

電力システムに用いられる電力機器や電線，およびそれに付随するさまざまな付属品，部品に用いられる材料についても，性能が優れているだけでなく，地球環境に配慮したものでなければならない。

PCB（ポリ塩化ビフェニル）は，すぐれた絶縁性と不燃性を有するため，我が国では 1954 年に製造が始まってから，変圧器や電力用コンデンサに多用された時期があった。その後その毒性や健康被害が問題となり，現在は，厳重な保管が法律で義務付けられ，専用の処理施設以外での処理ができないなどの対策がとられている。

現在，変圧器に使われる絶縁油についても，従来の石油由来の鉱油に代わり，生分解性の高い植物由来油を用いた変圧器が開発されている [19]。

また，電気絶縁や消弧（電流遮断）に用いられている SF_6（六フッ化硫黄）ガスは，無毒ではあるが，地球温暖化対策の推進に関する法律施行令 [20] によれば，CO_2 の約 22,800 倍の温暖化作用を持つ。このため現在，SF_6 ガスが大気に放出されないようにするため，徹底的な漏えい管理，ガス回収が行われている。また SF_6 ガスの使用に代わる代替ガスの開発が進められている [21]。

(4)　環境電磁界（EMF）と誘導障害

　電力システムには高電圧・大電流が使用される。電磁気学で学んだように，導体に電圧を加えると周囲に電界が生じ，導体に電流を流すと周囲に磁界が生じる。電界は，他の導体に静電誘導を，磁界は他の導体に電磁誘導を引き起こすため，電力システムと直接接続されていない導体も影響を受けることになる。これを原因として，電力システム周辺の機器が動作不良や故障を起こしたりすることを，**誘導障害（Inductive interference）** という。誘導障害は電力システムが周囲環境にもたらす影響のひとつとして古くから知られており，条件によっては送電線周辺におかれた導体に数百〜数千 V の電圧が誘導されることもある。このため誘導障害を抑えるためのさまざまな対策が講じられる。また誘導障害は，三相平衡時には生じにくいが，落雷などを原因として三相が不平衡となった場合に顕著に表れる。

　また誘導障害を抑制する観点から，我が国では，地上 1m における電界を 30V/cm 以下とする規制値が定められている [22]。一方，磁界については IC-NIRP（国際非電離放射線防護委員会）が公表した改定ガイドラインに基づき，我が国では，人体が占有する空間において磁束密度を 200μT 以下とする規制値が 2011 年から導入された [22]。

　これらの規制値は，省令上「人体に対して，静電誘導による電気感知のおそれや，電磁誘導による健康影響のおそれがない」ことを目指して設けられている。したがって，これを上回る電界や磁界がただちに健康に影響を及ぼすわけではないことに留意する必要がある。

(5)　景観保護

　大規模な送電線や変電所は山間部に建設される他，配電線は都市部でかなり密集して設置される。その結果，街並みや周囲景観を損なうケースがある。そのため，設備をなるべくコンパクト化したり，配電線の地中化が進められている。

▶▶ 章末問題にチャレンジ！ ⇒ 1.17〜1.18

1.4　まとめ

　1章では，電力工学を取り巻く全体的な概要を学ぶ上で必要な項目について，今後重要になるとみられる取組みとともに紹介した。以下に，内容をまとめた。

○ エネルギー源である一次エネルギーは，多くを化石燃料に依存している。化石燃料の使用は，燃焼により CO_2 の排出源となる
○ 発電に投入されたエネルギーの約60%は熱として失われるため，これを有効活用し発電効率を高める工夫がなされている
○ 電気エネルギーは，大量のエネルギーを遠距離にわたり，瞬時に伝送するのに優れている
○ 電気エネルギーは大量の貯蔵が困難である
○ 電力システムの電源配置方式として，集中電源と分散電源がある
○ 電力システムは，発電，送電，変電，配電とその他で構成される
○ 化石燃料に替わり，再生可能エネルギーの利用が求められている
○ 電力システムは，環境との調和が求められており，さまざまな対策がとられている

章末問題

1–1　2017 年現在の，日本の一次エネルギー消費量をジュール [J] で表せ。ただし石油 1 トンは 42GJ のエネルギーに換算されるとする。

1–2　日本や世界各国のエネルギー自給率を調べ，比べてみよう。

1–3　安定したエネルギー資源確保のために求められることについて，ディスカッションしてみよう。

1–4　エネルギーフローから，一次エネルギーのうち消費者が利用できるエネルギーの割合を計算してみよう。

1–5　1kWh を [J] で表すといくらか。

1–6　0～6 時，6～12 時，12～18 時，18～24 時の各時間帯における電力が 10kW，30kW，40kW，20kW と変動した場合，1 日あたりの電力量 [kWh] はいくらか。

1–7　世界各国の電力化率を調べ，比較してみよう。

1–8　半年分の電気エネルギー消費を蓄電池（たとえばリチウムイオン電池）に充電するためには，どれだけの蓄電池が必要か。ただしリチウムイオン電池の充電密度を 0.2kWh/L とする。

1–9　電力システムの経済的運用にとって，負荷平準化が必要な理由を考えてみよう。

1–10　ベース電源，ミドル電源，ピーク電源と 3 つに分けることで経済的運用が可能な理由を考えてみよう。

1–11　日本の年間平均停電時間を調べよ。

1–12　次の交流電圧は，低圧，高圧，特別高圧のいずれに属するか答えよ。
交流 200V，直流 700V，交流 700V，交流 7,000V，交流 20,000V

1–13　電圧 170kV，電力 100MW，力率 0.8 で運転されている送電線がある。この時の電流値を求めよ。また，一相あたりの等価回路に直せ。

1–14　単相 2 線式と三相 3 線式で，電線 1 本あたりの送電電力を比較してみよう。

1–15　電圧 50 万 V，容量 1,500MVA，力率 0.8 の三相送電線がある。この時，送

電線に流れる電流と送電電力を求めよ。

1–16　広域運用を行う長所・短所を考え，意見を出し合ってみよう。

1–17　力率を改善（増加）させると損失が減少できる理由を考えよ。

1–18　高さ 40m に配置された単一の電線に 1,000A の電流が流れた時の，地上における磁束密度を求めよ。

章末問題解答

1–1　日本の一次エネルギー消費量（石油換算）456 百万トン $= 456 \times 10^6$ トン，なので，$456 \times 10^6 \times 42 \times 10^9 = 1,915 \times 10^{16}$ J・・・（答）

1–2　日本：7%，イタリア 24%，ドイツ 39%，アメリカ 92%など（2015 年度）[4]

1–3　特定のエネルギー資源に偏らない。エネルギー資源の備蓄を行う。国産エネルギー源（たとえば水力，地熱，太陽光など）の有効活用を目指す，など。

1–4　一次エネルギーとして供給されるエネルギーの総和は，エネルギーフローの左端の数値を合計したもの，すなわち $1,984 \times 10^{16}$ J であり，消費者が利用できるエネルギーは，エネルギーフロー右端の数値を合計したもの，すなわち $1,332 \times 10^{16}$ J であるから，その割合は $1,332/1,984 = 67.1\%$である。・・・（答）

1–5　$1,000 \, \text{W} \times 3,600 \, \text{s} = 3.6 \times 10^6$ J ・・・（答）

1–6　6 時間ごとに電力量を出し，それを合計すればよい。よって，

$$6 \times 10 + 6 \times 30 + 6 \times 40 + 6 \times 20 = 600 \, \text{kWh} \quad \cdots（答）$$

1–7　日本 43%，フランス 52%，アメリカ 37%，ドイツ 32%，イタリア 21%など（2015 年度）[4]

1–8　半年分の電気エネルギー消費は，図 1–1 から 171×10^{16}J $= 4.75 \times 10^{11}$ kWh。必要な蓄電池の体積は $4.75 \times 10^{11}/0.2 = 2.37 \times 10^{12}$L $= 2.37 \times 10^9$ m^3 となる。すなわち，1 辺 1.33km の立方体の体積に相当する（東京ドームの体積の約 2,000 倍）。

1–9 同時同量の必要性から，電力システムでは，消費電力のピークを上回る発電設備を持つ必要がある。このことは言い換えれば，消費電力の少ない時間帯は多くの発電機は稼働せず，過剰設備となってしまい不経済であるためである。

1–10 発電所のコストは，建設時のコスト（初期コスト）と発電時のコスト（運転コスト）に分けられる。初期コストと運転コストの比率は，発電方式によって異なる。初期コストが運転コストに比べて相対的に大きい場合は，できるだけ発電所の稼働率を高め，逆の場合は稼働率を抑えて運用するのが経済的である．前者の代表例が水力発電や原子力発電，後者の代表例が火力発電である．このため，電源方式によって稼働率の高いベース電源から稼働率の低いピーク電源まで使い分けを行っている。

1–11 25 分（2016 年度）[4,5]。世界的に見てきわめて短い。

1–12 順に，低圧，低圧，高圧，高圧，特別高圧

1–13 三相送電線の線間電圧 170 kV，三相有効電力 100 MW という意味であるため，$P = \sqrt{3}VI\cos\theta$ を使う。$I = \frac{P}{\sqrt{3}V\cos\theta} = \frac{100\times10^6}{\sqrt{3}\times170\times10^3\times0.8} = 424.5$ A ・・・（答）

　　1 相あたりの等価回路は，電気回路で学んだように，電源の電圧が相電圧 $= \frac{170}{\sqrt{3}} = 98.1$ kV，電流は線電流で 424.5 A，負荷の電力 $= \frac{100}{3} = 33.3$ MW であるから，以下の通りとなる。

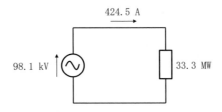

1–14 線間電圧 V，線電流 I，力率 $\cos\theta$，送電電力 P とする。
　　単相 2 線式：$P = VI\cos\theta$。1 線あたり $\frac{VI\cos\theta}{2}$

三相 3 線式：$P = \sqrt{3}VI\cos\theta$。1 線あたり $\frac{\sqrt{3}VI\cos\theta}{3} = \frac{VI\cos\theta}{\sqrt{3}}$

三相 3 線式は単相 2 線式に比べて，1 線あたりの送電電力が $\frac{2}{\sqrt{3}} = 1.15$ 倍となる

1–15　電流 $I = \frac{S}{\sqrt{3}V} = 1{,}732$ A

送電電力 $P = S\cos\theta = 1{,}500 \times 0.8 = 1{,}200$ MW（120 万 kW）・・・（答）

1–16　長所：全国一体運用ができるので，他社のコストの安い余剰発電所を運転してもらうなどの，経済運用ができる。電源の予備を各社でばらばらに所有するよりも共有したほうが設備の利用率が上がる。水力発電などでは，ある地域が渇水となり電力が不足する場合でも，別の地域から電力を融通することができる。

短所：全国一体でシステム運用するので，システムが大規模となり，より高度な制御技術が必要となる。長距離送電が増えるため，安定性が低下する。停電事故が起きた場合に，より広い範囲に波及する可能性がある，など。

1–17　三相送電の場合，送電電力は $P = \sqrt{3}VI\cos\theta$。同じ電力を送る場合，力率 $\cos\theta$ を増加させることにより，電流 I を減らすことができる。三相 3 線式の場合の送電損失は $3RI^2$ であるから，電流 I を減らすことは損失の低減になる。

1–18　電線の太さを無視すると，電磁気学で学んだように，磁束密度 $B = \frac{\mu_0 I}{2\pi r} = \frac{4\pi \times 10^{-7} \times 1{,}000}{2\pi \times 40} = 5$ μT。なお，送電線は三相電力線であり，三相対称の電流が流れていると，磁界は互いに打ち消しあうので，地上の磁界はこれより小さくなる。

引用・参考文献

1) BP 統計 2018 BP statistical review of world energy 2018, p.8
   https://www.bp.com/content/dam/bp/en/corporate/pdf/energy-economics/
   statistical-review/bp-stats-review-2018-full-report.pdf
2) 資源エネルギー庁：エネルギー白書 2018

3) 環境省：COP21 の結果について：成果と今後
http://www.env.go.jp/earth/ondanka/cop21_paris/paris_conv-c.pdf
4) 電事連データベース FEPC INFOBASE（2017）
http://www.fepc.or.jp/library/data/infobase/index.html
5) 資源エネルギー庁：石油備蓄の現況
http://www.enecho.meti.go.jp/statistics/petroleum_and_lpgas/pl001/
6) 資源エネルギー庁：エネルギー白書 2015, p.149-150
http://www.enecho.meti.go.jp/about/whitepaper/2015pdf/
7) 資源エネルギー庁：電力調査統計 2017
http://www.enecho.meti.go.jp/statistics/electric_power/ep002/results.html
8) 電気事業法第 28 条第 3 款
9) エネルギー供給事業者による非化石エネルギー源の利用及び化石エネルギー原料の有効な利用の促進に関する法律，第 2 条第 3 項
10) 経済産業省 Web ページ「エネルギー基本計画」，p.39 2018.
http://www.enecho.meti.go.jp/category/others/basic_plan/pdf/180703.pdf
11) 資源エネルギー庁 Web ページ「再生可能エネルギー各電源の動向について」
http://www.enecho.meti.go.jp/committee/council/basic_policy_subcommittee/mitoshi/004/pdf/004_06.pdf
12) 中野浩二：CCS 技術の実用化に向けた我が国の取り組み，OHM，pp.5-7，2014 年 5 月号.
13) 下平克己：世界の CCS の動向と Global CCS Institute のミッション，OHM，pp.8-11，2014 年 5 月号.
14) RITE ホームページ「世界の CO_2 排出半減シナリオの分析」（2011），2016.1.10 引用
15) 環境省ホームページ：日本の約束草案（2020 年以降の新たな温室効果ガス排出削減目標）」https://www.env.go.jp/earth/ondanka/ghg/2020.html
16) 金子祥三「火力発電の状況と今後東日本大震災の経験と教訓-，OHM，pp.47-51，2011 年 7 月号.
17) 大前博之：「超電導技術の開発動向の可能性」，OHM，pp.17-29，2013 年 10 月号.
18) 橋倉裕：「新アモルファス材料を適用した変圧器の開発」，中部電力技術開発ニュース No.129，pp.13-14，2008 年 1 月号.
19) 電気学会技術報告書 1282 号：「液体誘電体の電気絶縁と EHD，ER・MR 応用技術」，pp.3-9，2013.
20) 地球温暖化対策の推進に関する法律施行令，第 5 条第 11 項
21) 中道裕之：「用語解説第 27 回テーマ：SF_6 代替ガス」，電気学会電力エネルギー

部門誌，Vol.133，No.5，p.6．2013.

22) 電気設備に関する技術基準を定める省令，第 27 条，第 27 条の 2.

2章　発電

　1章において，電気エネルギーの役割や特徴，また電力システムの基本構成について学んだ。本章では，発電について学ぶ。

　発電は従来，火力発電，水力発電，原子力発電が主に使用されてきたが，今後，太陽光や風力を利用した新しい発電方式が急速に進むと考えられる。電力システムを経済的かつ安定的に運用するためには，おのおのの発電方式の原理や特徴をしっかりと理解することが不可欠である。

　本章でははじめに 2.1 で水力発電の原理，特徴，設備構成について学ぶ。次に 2.2 では火力発電の原理，特徴，設備構成と，火力発電における環境保全対策技術について学ぶ。2.3 では原子力発電の原理，特徴，設備構成を学び，次に，核燃料サイクルについて学ぶ。最後に 2.4 でこれから拡大が期待される各種の新エネルギー・再生可能エネルギーの原理や特徴について学ぶ。併せて，再生可能エネルギーの導入拡大に不可欠とされるエネルギー貯蔵技術について学ぶ

2.1　水力発電

　水力発電（**Hydroelectric generation**）は，もっとも古くからある発電方式のひとつである。水力発電は化石燃料を必要としない再生可能エネルギーであり，運転中の CO_2 の排出もないことから，環境に優しい発電設備として見直されている。この他近年では，分散電源として**小水力発電**が見直されてきている。

　はじめに，水力発電の概要や特徴について知った後，水力発電の特性を決定づける水力学の基礎について学んでいく。次に，水力発電の主要設備や運用法について学んでいくことにする。

2.1.1　水力発電の概要と特性計算

(1)　水力発電の概要

　水力発電では，水の流れや水圧を利用して水車を回転させ，それを発電機によって電気エネルギーとして取り出す。この水流や水圧を得るために，川の自然流を利用したり，ダムなどを設けることによって得られる落差を利用したりする。落差を得るための方式には，水路式やダム式，**ダム水路式**などがある。**図2–1**に，ダム水路式の基本構成を示す。ダムによって蓄えられた貯水池の水を，導水路で導く。この水を**水圧鉄管**を用いて一気に落とし，水車に通すことで回転力を生み，水車と直結した発電機を回転させて発電を行う。

　水力発電では，安定した水量を確保するため，貯水池や調整池を持つものがある。また，標高の異なる2地点に調整池を設けておき，消費電力の少ない時に，別の発電所で発電した電力を使って下部貯水池から上部貯水池へ水を汲み上げておき，消費電力の多い時に汲み上げられた水を用いて発電を行う**揚水発電**（**Pumped-storage hydroelectricity**）がある。**図2–2**に，揚水発電の

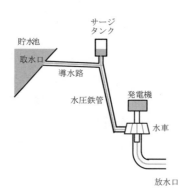

図 2–1　ダム水路式の基本構成

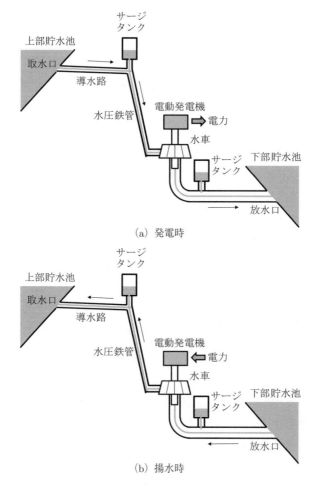

（a）発電時

（b）揚水時

図 2–2　揚水発電の基本構成

基本構成を示す。

　ここでは，はじめに水力発電の特性を決定づける水力学の基礎を学び，次に水力発電の設備構成の概略とそれぞれの役割について理解することを目指す。

(2) 水力発電の特性計算

(a) 理論水力と発電電力

　水力発電では，高いところにある水の位置エネルギーを利用して，発電機を回転させて電気エネルギーに変える。1秒間に Q [m³/s] の水が落差 H' [m] を落下した場合，仕事率は理論上 $P = 9.8QH'$ [kW] となる。これを理論水力と呼ぶ。

　実際の計算には，落差として**有効落差** H [m] を用いる。有効落差とは，落差から損失や発電後に水に残っているエネルギーを差し引いたものと考えればよく，実質的に発電に使用されたエネルギー分に相当する。また損失分を落差に換算したものを損失落差と呼ぶ。その他，水の落下時以外にも，水車や発電機の回転による損失が発生する。水車と発電機で生じる損失を考慮した総合効率 η を考えると，$P = 9.8QH\eta$ [kW] が発電電力となる。η は発電規模によって異なるが，おおむね定格運転時には80〜90%の値となる。このように考えると，落差はエネルギーに該当するため，損失などのエネルギー分を落差に換算して表記できる。

(b) 水頭とベルヌーイの定理

　運動している流水において，流量を Q [m³/s]，単位体積当たりの重量を γ [kgf/m³]，流速を $v=\frac{Q}{A}$ [m/s]（A は流路の断面積 [m²]），圧力度を p [Pa]，基準面からの高さを h [m]，重力加速度を g [m/s²] とする。この時，全水頭

$$H = h + \frac{p}{\gamma} + \frac{v^2}{2g}$$

の関係が成り立つ。第一項を**位置水頭**，第二項を**圧力水頭**，第三項を**速度水頭**という。定常流の場合，流路のどの断面積においても，常に上の H は等しい。これを**ベルヌーイの定理**（**Bernoulli's principle**）と呼ぶ。図 **2–3** に，ベルヌーイの定理の考え方を示す。ベルヌーイの定理は，エネルギー保存則を流体に対応させたものといえる。ただしベルヌーイの定理では水路で生じる損失を考慮に入れていないため，実際には損失を考慮に入れて各種計算を行う必要がある。

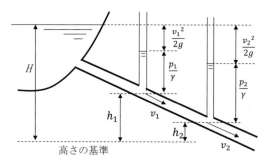

ベルヌーイの定理

$$H = h_1 + \frac{p_1}{\gamma} + \frac{v_1^2}{2g} = h_2 + \frac{p_2}{\gamma} + \frac{v_2^2}{2g}$$

（水を高いところから低いところへ落とすと，落差の分の圧力水頭と速度水頭
が生じる）

図 2-3　ベルヌーイの定理

(c)　流況曲線，流出係数と調整池の運用，発電電力

　流況曲線とは，年間の河川の流量の変動を表現したものであり，その一例を
図 2-4 に示す。縦軸の流量以上となる日数が年間どれぐらい現れるかを示した
ものであり，これを基に発電計画や発電設備の設計が行われる。

　このような河川の自然流をそのまま発電に用いると，発電電力は河川の流量
に左右されてしまうため，安定した発電量を確保するために，水を一時的に蓄
えておくための貯水池や調整池を設ける必要がある。この貯水池や調整池の容

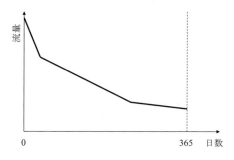

図 2-4　流況曲線の例

量（体積）を決めるためには，河川の流量と発電電力の日変動を考慮した計算が必要である．以下では，具体的な計算問題を解くことによって，計算手順を学ぶことにしよう．

例題；*Let's active learning!*

2.1 ある大きさの調整池を持つ発電所があり，調整池に流れる河川流量は $10\text{m}^3/\text{s}$ 一定である．毎朝満水になる 8 時から一定出力にて発電を開始し，18 時まで一定出力のまま発電を行って，調整池の有効容量の水を使い切った．その後発電を止め，翌朝 8 時まで調整池に水を貯め満水にした．この時，調整池の容量および発電に使用する使用流量を求めよ．

例　題　解　答

2.1 18 時から翌朝 8 時まで，14 時間で調整池はカラの状態から満水になる．この 14 時間で，流れ込む水量が調整池の容量となり，$14 \times 3{,}600 \times 10 = 504{,}000\text{m}^3$ となる．

　　次に，発電時には，調整池の水量 ＋ 10 時間に流れ込む河川水量 ＝ $504{,}000 + 10 \times 3{,}600 \times 10 = 864{,}000\text{m}^3$ の水を使う．これを 1 秒あたりに直すと，

$$86{,}400/(10 \times 3{,}600) = 24\text{m}^3/\text{s}$$

2.1.2　水力発電設備の概要

（1）全体の設備構成（ダム水路式の場合）

　水力発電設備には，ダム，ダム湖（貯水池，調整池），取水口，導水路，サージタンク，水圧鉄管，発電所，放水路があり，発電所内には，水車，調速機，水車発電機などが設けられる．はじめに，水力発電設備の中の中心的かつ重要な役割を担う水車の種類，構造，基本特性について学ぶ．続いて，その他の主要設備について学んでいく．

(a)　水車

　水の持つ位置水頭を速度水頭または圧力水頭に変えてランナ（水車羽根）に作用させ，水車を回転させる。速度水頭に変えるタイプを**衝動水車**，圧力水頭に変えるタイプを**反動水車**という。衝動水車の代表的なものに**ペルトン水車**，反動水車の代表的なものに**フランシス水車**や**斜流水車**，**プロペラ水車**等がある。**図2–5**にペルトン水車，**図2–6**にフランシス水車の構造を示す。ペルトン水車では，負荷変動により水車に流れる流量を調整するために**ニードル弁**を用いるが，負荷が急激に変化した場合には，ノズルとランナの間にある**デフレクタ**を用いる。デフレクタの角度を急変させることで水の出射方向を変化させ，ランナに水が当たらないようにして水車に加わるエネルギーを減らし，負荷急変に対応する。同様に，フランシス水車では，**ガイドベーン**を調整して出力の調整を行うことができる。

　水車内での水の流れ方は，整然としたものではなく，流れに乱れが生じる。このような場合，水車内に非常に圧力の低い部分や真空に近い状態の部分ができやすい。その結果，水中に溶けている空気が水より分離し，ついで水が水蒸気となり，これが続くと水車の羽根近くに水の無いボイド（気泡）部分ができる。このボイドが圧力の高い領域に移動すると，ボイドは押しつぶされるが，その際にきわめて大きい衝撃を発生させることが知られている。これを**キャビテーション**と呼び，水車を損傷させる要因のひとつとなっている。

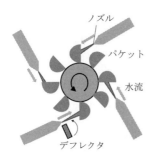

図 2–5　ペルトン水車

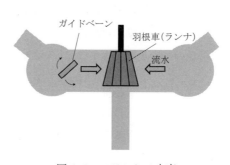

図 2–6　フランシス水車

　次に，水車の特性を決定する因子のひとつに，**比速度**がある。比速度は次式で与えられる。

$$N_1 = N_2 \frac{P^{\frac{1}{2}}}{H^{\frac{5}{4}}} \ [\mathrm{m \cdot kW}]$$

（N_1：比速度，N_2：回転速度，P：出力，H：有効落差）

　なお，$[\mathrm{m \cdot kW}]$ は，物理的な意味を持つものではないが，比速度の単位として実用的に使用されるものである。

　比速度が小さすぎると水車の回転速度が下がるため，水車と発電機を大型化する必要がある。比速度を大きくすると，水車の回転速度を抑えることができる一方，高落差ではキャビテーションを起こしやすくなるため，落差に応じて比速度を適切に選定する必要がある。一般的に，高落差ではペルトン水車を，低落差から中落差ではフランシス水車を用いる。

　水車の適用範囲，および比速度と用いられる水車との関係を**表 2–1** に示す。一般的な各水車の特徴は以下の通りとなる。

　ペルトン水車

　・落差の大きな発電に向いている

　・部分負荷での運転効率が低下しない

　フランシス水車

　・落差，出力の適用範囲が広く，汎用性がある

　・全負荷での運転効率が高い

　・部分負荷での運転効率が低下しやすい

　斜流水車，プロペラ水車

　・落差の小さな発電に向いている

　・比速度を大きくとることができ，装置の小型化が可能である

表 2–1 比速度と用いられる水車の関係 [1]

種類	比速度 n_s [m·kW]	適用落差 H [m]
ペルトン水車	$n_\mathrm{s} \leq \dfrac{4{,}300}{H+200} + 14$	150〜800
フランシス水車	$n_\mathrm{s} \leq \dfrac{23{,}000}{H+30} + 40$	40〜500
斜流水車	$n_\mathrm{s} \leq \dfrac{21{,}000}{H+20} + 40$	40〜180
プロペラ水車	$n_\mathrm{s} \leq \dfrac{20{,}000}{H+17} + 35$	5〜80

(b) 発電機

　水力発電用発電機として，通常同期発電機が使用される。発電機が火力発電よりも低速度で回転するため，磁極数は 4 以上のものが使用される。また，水車発電機と水車を直結する回転軸が，水平方向となる横軸形と，鉛直方向となる立て軸形がある。**図 2–7** に，立て軸形の水車と発電電動機の構造図を示す。

　周波数 f [Hz] の同期発電機における磁極数 p と同期速度 N の関係は以下の通りである。

$$N = \frac{120f}{p} \ [\mathrm{min}^{-1}]$$

(c) ダム

　ダムは，河川を堰き止め貯水池をつくり水力発電に活用できるようにする他，エネルギーを得るための落差を得る役割も持つ。重力ダム，アーチダム，バットレスダム，ロックフィルダムなど多くの種類があり，地形や岩盤強度，コストなどを考慮して方式が決められる。重力ダムはダム自身の重量によってダム下部の岩盤に力を伝えて圧力を受け止める。アーチダムは水圧をダムの曲面によって両岸の岩盤で受け止める方式であり，ダム本体に用いるコンクリートの量を抑えることができるため，山間部のダムに多く使用される。

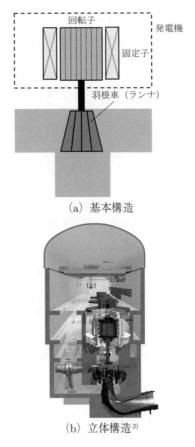

（a）基本構造

（b）立体構造[2)]

図 2-7　水車と発電機の構造

(d)　貯水池，調整池

　貯水池は季節による水量変動を調整する比較的規模の大きいもの，調整池は 1
日あるいは 1 週間程度の水量変動を調整するための比較的規模の小さいもので
ある。通常は，ダム等によって河川を堰き止めるが，自然あるいは人工的な窪
みに水を貯えたものもある。揚水発電所では発電所の下流側にも調整池が設け
られる。また貯水池や調整池には，発電所に土砂類が導入されないように，水
に含まれる土砂を沈殿させる役割も持つ。

(e) 導水路

河川や貯水池・調整池にある取水口から取り入れた水を導く水路を指す。一般的にサージタンクに至るまでの水路を導水路という。山間部に多くつくられる水力発電設備の場合,導水路はトンネルが用いられることが多いため,断面積をできるだけ抑えつつ必要流量を確保し,かつ導水路での落差をできるだけ少なく（水平に近い状態で敷設）する必要がある。

(f) サージタンク

何らかの理由により急激な負荷変動が発生し,発電機の出力が急激に低下した場合,発電機の回転上昇を抑えるため流量を急減させる必要がある。この時,弁などを用いて水量を調整するが,急激に水の流れが抑えられた結果,水の速度水頭が圧力水頭に置き換わる。その結果,水路全体あるいは局所に過大な圧力が加わり,水路管の破損を起こす可能性がある。これを**水撃作用**と呼ぶ。水撃作用を抑えるために,**サージタンク**を取り付け,圧力変化を緩和させている。

水撃作用が水路全体に波及しないように,水路の途中（導水路と水圧鉄管の間）に圧力調整用のタンクを設けておき,水圧変動をタンクの水位の変化で吸収できる。いわば,ガス管において高圧ガスを逃がす安全弁のような役割を担う。なお,揚水発電設備の場合は,サージタンクが発電所の下流側にも設置される。

(g) 水圧鉄管

水圧鉄管とは,落差をもたせた水を流し,発電所へ水を導くための水路である。落差に相当する水圧を受ける他,水撃作用により負荷の急変時に高い圧力が管路に局所的に加わることもあるため,これに耐える構造にする必要がある。

(h) 調速機（調速装置）

水車の回転速度の変動は,そのまま発電電力の周波数変動につながるため,周波数を維持するために水車の回転速度を一定に保つ必要がある。このため,負

荷の増減によって水量を調整する必要がある。これを**調速機**によって行う。また，調速機は，並列運転時の周波数調整や，負荷遮断などの急激な負荷変動が生じた時に，水車の回転速度が急変しないようにガイドベーンやデフレクタを作用させる働きを有する。

(i) 揚水発電

揚水発電所においては，水力発電所の放水口にも調整池を設け，放水した水を貯めておき，余剰電力が生じた時にこれを利用して水を上部調整池まで汲み上げる。2.4.5 で述べるように，電気エネルギーを水の位置エネルギーという形で蓄えておく「エネルギー貯蔵」の役割を持っているといえる。

揚水発電においては，水車をポンプとしても用いる（ポンプ水車）ため，たとえばフランシスポンプ水車の場合，一般的な水車に比べて，直径が大きく，ランナ（羽根）の数が少ないものが用いられる。

揚水発電において水を汲み上げる時に，汲み上げる高度差と損失を考慮に入れる必要がある。すなわち，ポンプによって，高度差（＝総落差）＋損失水頭分のエネルギーが必要になる。これを全揚程 H_p という。この時，電動機＋揚水ポンプの効率 η とすると，電動機入力 $P_\mathrm{m}[\mathrm{kW}] = \frac{9.8QH_\mathrm{p}}{\eta}$ となる。$Q\,[\mathrm{m^3/s}]$ はポンプの流量である。

例題；*Let's active learning!*

2.2 1 日のうち，10 時から 16 時までの 6 時間発電し，1 時～5 時までの 4 時間を揚水する揚水発電所がある。上部調整池と下部調整池の標高差 500m，損失水頭 10m，また両調整池に河川からの流入はない。発電開始時には，上部調整池は満水，下部調整池は空であり，揚水開始時にはその逆であるとする。発電時には，40m³/s の流量で発電を行う。発電時の水車 ＋ 発電機効率を 85%，揚水時のポンプ ＋ 電動機効率を 80%とする。

(1) 発電時の発電電力を求めよ。

(2) 揚水時の流量を求めよ。

(3) 揚水時の電動機入力を求めよ。

(4) 調整池の容量を求めよ。

例 題 解 答

2.2　(1) 発電時の発電電力は，$P = 9.8QH\eta = 9.8 \times 40 \times (500 - 10) \times 0.85 = 163,268$ kW

(2) 揚水時の流量 x は，発電時の水量 = 揚水時の水量なので，$6 \times 3,600 \times 40 = 4 \times 3,600x$　よって，$x = 60\text{m}^3/\text{s}$

(3) 電動機入力は $P_\text{m} = \frac{9.8 \times 60 \times (500+10)}{0.8} = 374,850$ kW

(4) 発電時に用いる水量が調整池の容量となる。よって，(2) より $6 \times 3,600 \times 40 = 864,000\text{m}^3$

(j)　可変速揚水発電システム

　可変速揚水発電とは，水を下部調整池から上部調整池へ汲み上げる時，ポンプの汲み上げ量を調整できる揚水発電設備のことである。通常，同期発電機を同期電動機としてポンプに流用するために，同期機は回転速度一定で運転される。このため，ポンプの電気的入力は一定であるが，電力需要に応じてポンプの入力量を柔軟に変動させる必要性があった。このため可変速揚水発電が開発された。可変速揚水発電の原理図を図 **2–8** に示す。パワーエレクトロニクス技術を駆使した周波数変換装置（サイクロコンバータ）を用いて，同期機の励磁回路（回転子）に周波数を変えられる交流電流を入れ，交流励磁を行うことで，ポンプの回転数を調整できるようにしている。

▶▶ 章末問題にチャレンジ！ $\Rightarrow$ 2-1～2-7

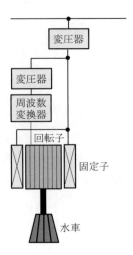

図 2-8　可変速揚水発電システム

2.2　火力発電

　火力発電は，石炭や天然ガス，石油などを燃焼させ，発生した熱エネルギーを電気エネルギーに変えることによって発電するものである。火力発電は，運転のしやすさや負荷変動に対する特性の良さ，また大型発電設備が実現可能という特長を有するため，特に電力需要が急激に伸びた高度経済成長期，主に大都市近郊の海岸沿いに大規模な発電所が次々と建設されてきた。2016 年現在も，発電設備容量の 6 割，発電電力量の 8 割 *) を火力発電が占めるなど，発電設備の主要な部分を担っている [3]。近年は，古い火力発電設備を新しい設備に更新したり，**コンバインドサイクル発電**を導入するなどして熱効率の向上を促進している。

　火力発電はほとんどの場合，一次エネルギーとして石油，石炭などの化石燃料を使用する。このため，温暖化ガスである CO_2 の排出の他，窒素酸化物（NO_x）や硫黄酸化物（SO_x）の排出が問題となる。特に NO_x や SO_x に関しては，大

---

*) 東日本大震災前，原子力発電所が多数稼動していた時には，火力発電は発電電力量の 6 割であったが，発電の主要な部分であることには変わりない

気への排出を抑えるための大規模な除去設備など，必要かつ十分な環境対策がとられている。

　本節では，はじめに火力発電の熱効率等の特性を決定づける熱力学の基礎を学ぶ。次に，火力発電設備の個々の機能と役割について学び，そこで導入されている最新技術にも触れる。最後に，火力発電の運用や使用する燃料について，また火力発電で採用されている環境保全技術について学んでいく。

2.2.1　火力発電と熱力学の基礎
(1)　火力発電の概要

　はじめに，火力発電の概要を学ぶ。まず火力発電は，汽力発電とガスタービン発電の2つに大別できる。それぞれ，次のようにして発電を行う。

(a) **汽力発電（Steam power generation）**：燃料を燃焼させて得られた熱により，ボイラ内で水蒸気を発生し，タービンに通すことで回転力を生み，発電する。運転温度は500～600℃程度である。

(b) **ガスタービン発電（Gas turbine power generation）**：燃焼ガスをタービンの中で直接燃焼することでタービンに回転力を生み，発電する。運転温度は1,300～1,600℃程度である。

　なお，汽力発電，ガスタービン発電ともに，運転温度を上げると効率が向上するため，現在も運転温度を上げるための技術開発，たとえば高温に強い材料の開発等が行われている。

　また，ガスタービン発電を行った時の排熱を汽力発電に用いることで排熱の再利用を可能にし，熱効率の向上を図った**コンバインドサイクル発電**が，近年多く採用されている。**図2–9**に，汽力発電とガスタービン発電，コンバインドサイクル発電の概念図を示す。

　これらの発電は，**熱サイクル（Heat cycle）**と呼ばれる一種のエネルギーサイクルを用いて行われる。どの熱サイクルを採用するかによって効率（熱効率）などが決まるが，その計算には熱力学の知識が必要になる。そこで次に，熱力学の基礎について学ぶことにしよう。

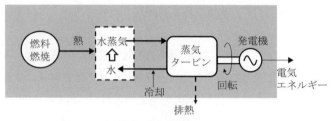

（a）汽力発電

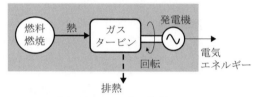

（b）ガスタービン発電

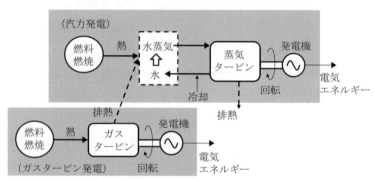

（c）コンバインドサイクル発電

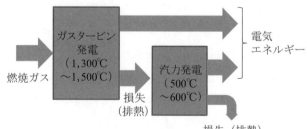

（d）コンバインドサイクル発電におけるエネルギーの流れ

図 2-9　各種火力発電方式の概念図

(2) 熱力学の基礎

水に熱を加えると，水温が上昇し，やがて水蒸気となって吹き出る。言い換えると，物質に加えた熱は，物質の温度上昇と，物質が外部に行う仕事に使われることになる。外部に行う仕事の分を発電機によって電気エネルギーに変える。この現象のイメージを頭に入れながら，以下の事柄について読み進めていただきたい。なお，熱力学の一般的な内容については，物理の教科書などを参考にされたい。ここでは火力発電の理解に必要な部分の説明にとどめる。

(a) 熱力学第一法則

熱力学第一法則は，熱力学におけるエネルギー保存則を表す。熱 Q はエネルギーの一種であり，系が外になす仕事 W との交換が可能であることを表す法則である。式で表すと，$Q = W + dU$ となる。dU は系の有する内部エネルギーの変化量である。

(b) 熱力学第二法則

熱力学第二法則は，熱はそれ自身では低温物体から高温物体へ移ることができないことを意味し，エネルギーの方向性を表すものである。

(c) エンタルピー

物体の持つ内部エネルギー U と，物体の体積 V，圧力 P とすると，$H = U + PV$ で表される量 H を**エンタルピー**と呼ぶ。

(d) エントロピー

物質が温度 T の下で得た熱量が dQ の時，$ds = \frac{dQ}{T}$ で定まる s を**エントロピー**と呼ぶ。

(e) 等温過程

理想気体の温度を一定にしたまま状態を変化させる。温度 T と内部エネルギーは比例関係にある。このため，等温変化においては，$U = $ 一定となる。

(f) 断熱過程

熱のやり取りを行うことなく状態を変化させる。$dQ = 0$ となるので，$ds = 0$，すなわち $s = $ 一定となる。

(g) 等圧過程

　圧力を一定にしたまま状態を変化させる。外から加えた熱量 dQ は，エンタルピーの変化 dH と等しくなる。

(h) 水蒸気の特性

　大気圧下において，水は 0 ℃以下で氷（固体）として，100 ℃以上で水蒸気（気体）として，その中間では水（液体）として存在する。これを，温度 T を横軸に，圧力 P を縦軸に取りグラフとして表したものを**図 2–10 (a)** に示す。上記の大気圧における氷から水蒸気への変化は，図中 a-b-c-d とたどることで得られる。図 2–10 の点 T を水の三重点と呼び，水の場合 $P = 611.7$ Pa，$T = 273.16$ K である。これより低い圧力の場合，水は液体として存在することができず，温度上昇により固体から直接気体へと変化することになる。また，図右上部の点 C は臨界点と呼ばれる。水の臨界点は $P = 22.1$ MPa，$T = 647$ K である。

　次に，大気圧において，液体の水に熱を加えると，最初は水の温度が上昇するが，100 ℃でしばらく温度が一定となる。水が蒸発（気化）する時に熱が使われるためである。この温度を飽和温度と呼び，使われる熱を気化熱または蒸発熱と呼ぶ。この一定温度の間，きわめて微細な水滴を内部に含んだ水蒸気となっており，湿り蒸気と呼ばれる。湿り蒸気の状態からさらに熱を加えることで，微細な水滴を内部に含まない水蒸気に推移し，その後再び温度が上昇する。このような水滴を内部に含まない水蒸気を**過熱蒸気**と呼ぶ。**図 2–10 (b)** は，温度 T を縦軸に，エントロピー s を横軸に取った時のグラフである。上記の状態推移のうち，水の温度上昇は状態 $a \to b$ に，湿り蒸気のまま温度一定の状態は状態 $b \to c$ に，過熱蒸気での温度上昇は状態 $c \to d$ に対応する。またグラフにおいて，水と湿り蒸気の境界を飽和水線，湿り蒸気と過熱蒸気の境界を飽和蒸気線と呼ぶ。飽和水線よりも左側では水は液体の状態になっており，飽和蒸気線よりも右側では過熱蒸気の状態になっている。両者の間が湿り蒸気の状態になっている。湿り蒸気 1kg のうち $1 - x$ [kg] が含有水滴分である場合，x を乾き度と呼び，$1 - x$ を湿り度と呼ぶ。

　大気圧より高い圧力になると，状態推移の線は上方へ移り，湿り蒸気の領域

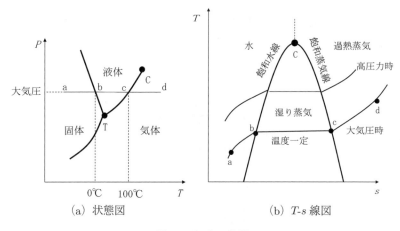

(a) 状態図 (b) T-s 線図

図 2–10　水の特性

が小さくなる。結果的に必要な蒸発熱は小さくなる。また，図中の点 C は先述
した臨界点であり，臨界点を上回る圧力を**超臨界圧力**と呼ぶ。超臨界圧力では，
湿り蒸気の状態を経ることなく，液体はただちに過熱蒸気となる。

(3)　熱サイクル

　ここでは，現在火力発電で用いられる代表的な熱サイクルについて簡単に述
べる。

(a)　カルノーサイクル

　カルノーサイクル（Carnot cycle）は，等温膨張，断熱膨張，等温圧縮，断
熱圧縮の順に行う理想的な熱サイクルであり，T-s 線図としては図 2–11 に表
されるものとなる。与えた熱量 Q は，12ba で囲まれる面積，仕事として使わ
れる分は図中の 1234 で囲まれた面積となる。カルノーサイクルは，熱サイク
ルとしては理論上最高効率となるが，現実にこのような熱サイクルは実現でき
ない。したがって，現実の熱機関を用いて，できるだけカルノーサイクルに近
い熱サイクルを実現することが求められる。

例題；*Let's active learning!*

2.3 図 2–11 のカルノーサイクルで，仕事に使われる熱量と捨てられる熱量が
　　図のように表される理由を述べよ。

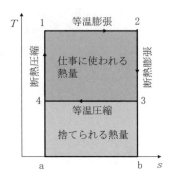

図 2–11　カルノーサイクルの T-s 線図

例 題 解 答

2.3 エントロピーの定義 $ds=\frac{dQ}{T}$ より，$Q=\int T ds$ が導かれる。すなわち，等
　　温膨張時に与えられる熱量は 12ba で囲まれた部分の面積，等温圧縮時に
　　受け取る熱量は 43ba で囲まれた部分の面積であるから，仕事に使われる
　　熱量はその差である 1234 で囲まれた部分の面積となる。

(b)　ランキンサイクル

　ランキンサイクル（**Rankine cycle**）は，汽力発電の熱サイクルを表すもの
である。**図 2–12** にランキンサイクルの構成図と各構成での過程，および T-s
線図を示す。ランキンサイクルにおいて，水は，$1 \rightarrow 2$ の過程で，給水ポンプ
（断熱圧縮）を通過した後，$2 \rightarrow 3$ の過程で，蒸発器（等圧受熱）により熱を加
えられる。蒸発器で飽和温度になると，湿り蒸気となる。さらに熱を加えると
過熱器での $3 \rightarrow 4$ の過程で過熱蒸気となり，タービン（断熱膨張）に送り込ま
れる。タービン内で $4 \rightarrow 5$ の過程により過熱蒸気が膨張し冷やされる。これを

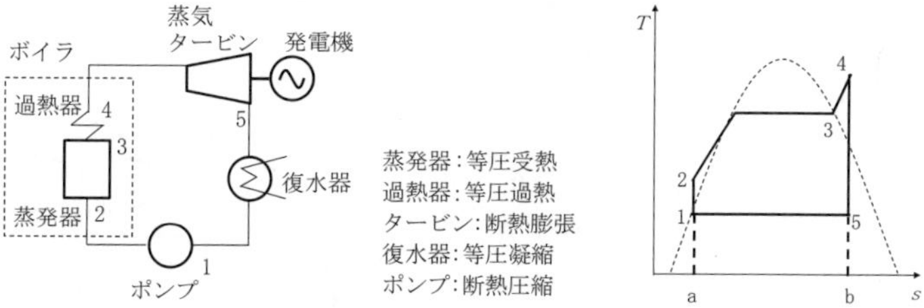

(a) 構成図　(b) T-s 線図

図 2–12　ランキンサイクル

復水器（等圧凝縮）における 5 → 1 の過程を経て水とする。この熱サイクルを繰り返す。

(c) 再熱再生サイクル

ランキンサイクルの中で，蒸気タービンの中から水蒸気を一部取り出し，その熱を給水過熱に用いるものを**再生サイクル**という。復水器で冷却される熱量を減らし，その分を水の過熱に使うことで効率向上を図る。また，タービンの中間において，水蒸気を再熱器によって再び加熱することで熱効率の向上を目指したものを**再熱サイクル**という。両者を組み合わせた**再熱再生サイクル**の構成図と T-s 線図を**図 2–13** に示す。近年の大容量汽力発電所では，再熱再生サイクルが多く採用されている。

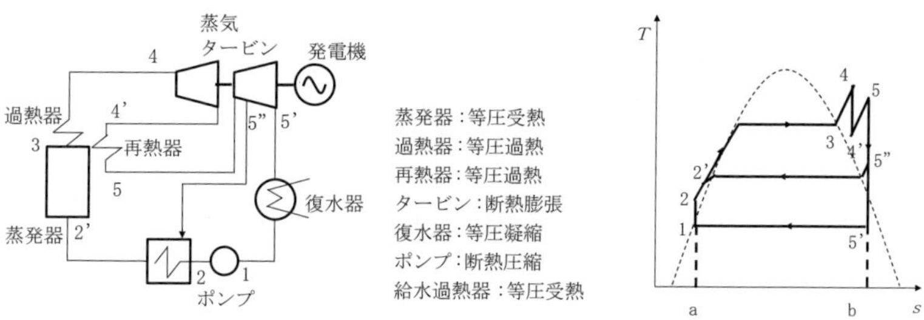

(a) 構成図　(b) T-s 線図

図 2–13　再熱再生サイクルの T-s 線図

例題；*Let's active learning!*

2.4 図の再熱サイクルの熱効率を求め
　　よ。ただし，サイクル各部での蒸気
　　のエンタルピーは以下の通りである
　　（単位は kJ/kg）。

　　　　復水器出口 $i_1 = 140$
　　　　高圧タービン入口 $i_2 = 3{,}320$
　　　　再熱器入口 $i_3 = 2{,}900$
　　　　再熱器出口 $i_4 = 3{,}620$
　　　　低圧タービン出口 $i_5 = 2{,}440$

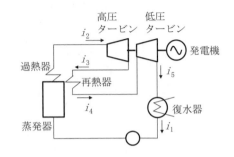

例 題 解 答

2.4 熱供給されるのは，ボイラ（蒸発器 ＋ 過熱器）と再熱器である。それぞれ
　　の供給熱量は，

　　　　ボイラ：$i_2 i_1 = 3{,}180$
　　　　再熱器：$i_4 i_3 = 3{,}620 - 2{,}900 = 720$

　　　　熱を仕事に変えるのは，高圧タービンと低圧タービンである。それぞれ
　　　　で使用される熱量は

　　　　高圧タービン：$i_2 i_3 = 3{,}320 - 2{,}900 = 420$
　　　　低圧タービン：$i_4 i_5 = 3{,}620 - 2{,}440 = 1{,}180$
　　　　よって，熱効率は，$\frac{1{,}180+420}{3{,}180+720} = 41.0\ \%$

(d)　ブレイトンサイクル

　　ブレイトンサイクルは，ガスタービン発電で用いられる熱サイクルの一種で
ある。図 **2-14** にその概念を示す。図 2-14 の 1 → 2 で，圧縮機によって高圧
の空気を発生する。2 → 3 では，空気を燃焼させて高温の燃焼ガスを発生させ
る。3 → 4 では，ガスタービンに燃焼ガスを通して回転力を発生する。4 → 1
では，ガスが排気され，大気に戻される。この熱サイクルを繰り返す。

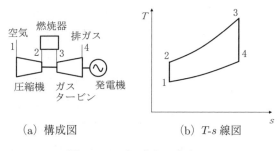

(a) 構成図　　　　　　　(b) *T-s* 線図

図 2–14　ブレイトンサイクル

2.2.2　火力発電の設備構成と運用

　ここでは，火力発電（汽力発電）に用いられる代表的な設備について学ぶ。火力発電の全体構成を**図 2–15** に示す。燃料を燃焼し水蒸気を発生させるボイラ，水蒸気の圧力で羽根車を回転させるタービン，タービンと直結して発電を行う発電機，水蒸気を冷却し水に戻す復水器，ボイラからの排ガスを処理する脱硫・脱硝装置などから構成される。次に，各部の詳細を見てみよう。

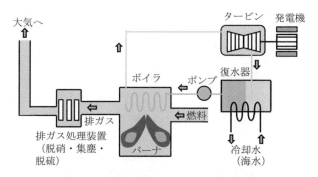

図 2–15　火力発電（汽力発電）の全体構成

(1)　火力発電の主な設備と役割

(a)　ボイラ

　ボイラ（**Boiler**）は，水を加熱し水蒸気を発生させる装置であり，火炉，バー

ナ，過熱器，再熱器，空気予熱器，エコノマイザ，通風設備などから構成され
ている。燃料は火炉の中で燃焼させる。燃焼気体は煙道を通り最終的に大気に
排出されるが，その過程で過熱器，再熱器，エコノマイザ，空気予熱器などで
熱交換を行うことで，水や空気が加熱される。過熱器，再熱器，エコノマイザ，
空気予熱器は，必要な温度によって配置が定められている。たとえば，過熱器
は過熱蒸気を取り出すための装置であり，高温が必要なため火炉に近い場所に
設けられる。ボイラは，水の循環方式の違いにより，自然循環ボイラ，強制循
環ボイラ，**貫流ボイラ**などに分類できる。

　超臨界圧力では，過熱蒸気と水を分離する（気水分離）設備が不要となる他，
熱伝達率の向上が図れるため，現在の大容量汽力発電のほとんどが超臨界圧貫
流ボイラを用いている。

(b)　蒸気タービン

　蒸気タービン（Steam turbine）は，水蒸気の熱エネルギーを回転エネル
ギーに変換する装置である。蒸気タービンには，衝動タービンと反動タービン
がある。衝動タービンでは，ノズルによって蒸気を膨張させタービン翼に衝突
させることでタービンを回転させるものである。反動タービンとは，静翼と動
翼を交互に配置し，静翼で蒸気を膨張させ動翼に衝突させるとともに，動翼で
も蒸気を膨張させ，動翼から蒸気を噴出させた反動力でタービンを回転させる
ものである。**図 2-16** にタービン動翼の外観を示す。

図 2-16　タービン動翼（提供：中国電力株式会社）

タービンは，高圧から中圧，低圧へと蒸気圧が変化するため，高圧，中圧，低圧タービンを複数用いて1台の発電機を回すくし形タービンやこれを並列に用いた並列形タービンが用いられる。

(c) 調速装置（調速機）

水力発電における調速装置と機能は同じで，周波数を一定に保つため，タービンの回転速度を制御するためのものである。発電電力に合わせてタービンに加える水蒸気流量の調整は加減弁を用いて行われ，絞り調速やノズル締切調速などの機構が用いられる。

(d) 復水器

蒸気タービンで使用した水蒸気を冷却し，水に戻す装置である。冷却には水冷が用いられ，通常冷却水には海水が使用される。

(e) 脱硫・脱硝装置，電気集塵機

排ガスから窒素酸化物（NO_x），硫黄酸化物（SO_x），およびばいじんを除く装置である。詳細は 2.2.3 で述べる。

(f) ガスタービンとコンバインドサイクル

ガスタービンでは，空気と燃料を混合させて圧縮し，過熱した後膨張させることにより，熱エネルギーを機械エネルギーに変換する。ガスタービンでは，圧縮，加熱，膨張，放熱の4過程で構成される。ガスタービンの基本熱サイクルは，前に述べたブレイトンサイクルである。図 2–17 に，ガスタービン発電の基本構成を示す。

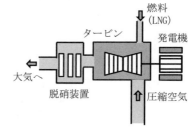

図 2–17　ガスタービン発電の基本構成

汽力発電と比較した時のガスタービンの特徴は以下の通りである。

・設備が簡単であり，建設費が安価
・起動が早く，負荷変動に対応しやすい
・運転温度が高く，耐熱材が必要である
・熱効率がやや低い

　コンバインドサイクル（複合サイクル）**発電**は，ガスタービンの排熱を汽力発電の水蒸気発生に用いることで熱効率の向上を狙った発電方式である。コンバインドサイクル発電の特徴は，熱効率が高いことであり，最新式のものでは60％を達成している。これは通常のガスタービン発電の 2 倍程度である。

　コンバインドサイクル発電の基本構成を**図 2–18** に示す。コンバインドサイクル発電において，ガスタービンの排熱を汽力発電にどのように利用するかによって，いくつかのタイプに分けられるが，図 2–18 では，ガスタービンの排熱を用いて水蒸気を発生させて直接蒸気タービンに送る排熱回収式と呼ばれる方式について示している。またガスタービンと蒸気タービンを別々に動かす多軸型と，一体で（直結して）動かす一軸型がある（図 2–18 は一軸型）。単体で考えると一般的には多軸型の方が熱効率が高い。しかし，定格に達しない負荷（低負荷）の場合，多軸型で 2 台の発電機を運転するよりも，一軸型を 2 つ並べ

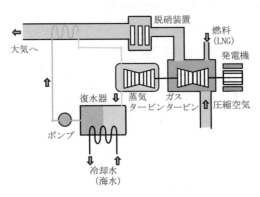

図 2–18　コンバインドサイクル発電の基本構成

て2台の発電機を運転する方が熱効率が高くなることがある。

例題；*Let's active learning!*

2.5 ガスタービン発電単独の熱効率を30%，汽力発電単独の熱効率を40%とする。汽力発電単独時に対し，コンバインドサイクル発電での総合熱効率はどれだけ向上するか。ただし，ガスタービン発電の排熱の75%が汽力発電に使われるとする。

例 題 解 答

2.5 コンバインドサイクル発電のガスタービンに加えられる熱量を100とすると，出力として発電30，排熱70となる。排熱の75%を汽力発電に用いると，汽力発電からの電力は $70 \times 0.75 \times 0.4 = 21$ となる。すなわち，総合熱効率は $30 + 21 = 51$ となり，汽力発電単独時40%の1.275倍となる。

(g)　発電機

　タービン発電機には**同期発電機**が使用される。タービンと直結した発電機が，タービンから回転力を得て発電を行う。この時，回転数が大きい方がタービンの効率がよいことから，極数を2とし，タービン発電機の回転数は50Hz機で $3,000 \text{ min}^{-1}$，60Hz機で $3,600 \text{ min}^{-1}$ が用いられる。発電機の出力電圧は，巻線構造の限界から，通常20kV前後であり，これを変圧器で送電電圧まで引き上げて送電される。

(2)　火力発電の運用
(a)　石油火力

　石油火力発電は設備的に古いものが多く，熱効率が低いものが多い。このためピーク電源のみに使用される。現在はLNG（液化天然ガス）火力や石炭火力に置き換えられる傾向にある。

(b)　LNG 火力

　LNG は現在の火力発電の主流であり，緩やかな需要変動に対応したミドル電源に使用される。

(c)　大規模石炭火力

　経済性（燃料費）に優れているため，常時一定出力を基本とするベース電源として使われるケースが多い。

(d)　ガスタービン発電

　汽力発電に比べて熱効率が低いことと，起動時間が短いという特徴を有するため，ピーク電源に多く利用されている。

2.2.3　火力発電における燃料と環境対策

(1)　火力発電で用いる燃料

　火力発電で用いる燃料の大半は，石炭，石油（重油），天然ガスといった化石燃料となる。

(a) 石炭

　　石炭については，燃焼によって NO_x，SO_x を排出するとともに，他の燃料に比べて多量の CO_2 を排出するが，一方で供給の安定性の観点から適用拡大の動きもある。特に，微粉末化することで燃焼効率を高めた発電方式（PCF）は，古い火力発電設備のリプレース（更新）機として多く用いられている。また木片（バイオマス）を混合することで，CO_2 削減を目指した火力発電も運転されている。

　　石炭については，熱効率の向上および CO_2 排出削減を目指した，新しい方式の発電が研究されており，これらはクリーンコール技術と呼ばれている。その代表的なものに，**石炭ガス化複合発電（IGCC）** がある。IGCCでは，石炭をガス化したものを燃料として，ガスタービン発電を行った後，

汽力発電を行うコンバインドサイクル発電を実施するものである。IGCC
では、ガスタービンの運転温度を 1,700 ℃まで高めることにより、効率を
57%まで向上させることを狙っている[4]。

(b) 石油（重油）

石油火力発電では、燃料として主に重油を用いる。現在、石油火力発電は
全体的に縮小傾向にある。

(c) 天然ガス

天然ガスは、原油と同様に、国際情勢に左右されやすい燃料であるが、新ガ
ス源の開発なども積極的に行われている。また石炭や石油に比べて、SO_x
を排出しない他、CO_2 や NO_x の排出量が少ないことから、ミドル電源と
しての利用が拡大している。

(2) 燃焼計算と熱量、CO_2 排出量

燃料を燃焼させることで、酸素と反応し、反応の過程で多量の熱が生じ、これ
を発電の熱源に用いる。そのため、所望の発電電力に必要な燃料と酸素量（空
気量）の計算、さらには発生する CO_2 の計算を行い、燃料供給計画をたてた
り、自然環境への評価を行う必要がある。これらの計算方法は、以下のような
具体的な計算問題を通して学んでいこう。

例題 ; *Let's active learning!*

2.6 重油を燃料とする 100MW の汽力発電所（熱効率35%）が定格運転を行っ
ているとき、1秒あたりのボイラの燃焼に必要な空気量はいくらか。ただ
し重油の発熱量を 44,000kJ/kg、重油の化学成分を炭素85%、水素15%と
し、炭素および水素の原子量はそれぞれ 12 と 1 である。また空気の酸素
濃度を 21%とする。

例 題 解 答

2.6 定格運転時，1 秒あたり必要な熱量は，$\frac{100}{0.35} = 285$ MJ

必要な重油量は，$\frac{285\,\text{MJ}}{44\text{mJ/kg}} = 6.493$ kg。このうち，炭素は $6.493\text{kg} \times 0.85 = 5.519$kg → 460 モル

水素は $6.493 \times 0.15 = 0.974$kg → 974 モル

化学反応は，$C + O_2 = CO_2$，　$2H_2 + O_2 = 2H_2O$

であり，炭素 1 モルに対して酸素 1 モル，水素 2 モルに対して酸素 1 モルが必要である。

よって，酸素は 460 モル + 487 モル = 947 モル が必要。1 モルの気体の体積は 0.0224m^3 であるから，$947 \times 0.0224\text{m}^3 = 21.2\text{m}^3/\text{s}$

(3)　火力発電の環境対策

火力発電において，石炭や石油を燃焼させると，ばいじんや硫黄酸化物（SO_x），窒素酸化物（NO_x）が多く含まれる排ガスが発生する。天然ガスについては SO_x は発生しないが，NO_x は発生する。これらは呼吸器への障害や，酸性雨の原因となることから，排出を抑制する対策が必要である。このため，火力発電設備では，ばいじん，NO_x，SO_x の除去処理を行うための設備が導入されている。また，化石燃料から生じる CO_2 の抑制も不可欠である。以下では，火力発電所における環境対策設備として，これらの排ガス処理に対する対策について学んでいく。

(a)　ばいじん処理

ばいじんを処理するため，**電気集塵機**が用いられる。電気集塵機では，コロナ放電によりばいじんを帯電させ，これを電界によって一方向に集めることで，排ガスからばいじんを取り除くことができる。**図 2–19** に，電気集塵機の原理を示す。

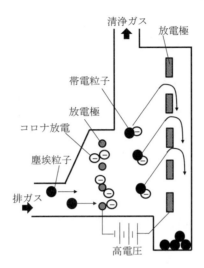

図 2-19 電気集塵機の原理

(b) NOₓ処理

大容量火力発電で発生する NO_x は，**脱硝装置**を用いて化学処理により除かれる。脱硝装置の処理の流れを**図 2-20** に示す。脱硝装置では，アンモニア接触還元法と呼ばれる方法がよく用いられる。この方法では，NO_x を含んだガスにアンモニアを注入し，触媒を用いることで NO_x とアンモニア，酸素を反応させて，無害な窒素ガスと水に分解する。アンモニア接触還元法による，窒素酸化物（NO）の除去は，次の反応式により行う。

$$4NO + 4NH_3 + O_2 \rightarrow 4N_2 + 6H_2O$$

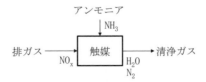

図 2-20 脱硝装置における処理の流れ

(c)　SO$_x$ 処理

　SO$_x$ は，**脱硫装置**を用いて化学処理により除かれる。脱硫装置の処理の流れを図 **2–21** に示す。脱硫装置では，石灰石-石こう法と呼ばれる方式がよく用いられる。この方法では，まず SO$_x$（主に SO$_2$）と水を反応させ，次に，酸素と石灰を合わせることで，最終的に石こうと二酸化炭素が生成される。石灰石–石こう法においては，たとえば SO$_2$ の除去は，以下の反応式により行う。

$$SO_2 + H_2O \rightarrow H^+ + HSO_3$$

$$H^+ + HSO_3 + 0.5O_2 + CaCO_3 + H_2O \rightarrow CaSO_4 \cdot 2H_2O + CO_2$$

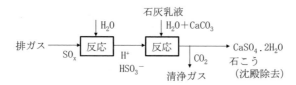

図 2–21　脱硫装置における処理の流れ

(d)　CO$_2$ 排出対策

　火力発電で発生する CO$_2$ については，地球温暖化の原因となることから，排出をできるだけ抑制しなければならない。根本的に化石燃料を使用する以上，CO$_2$ の発生そのものを無くすことはできないため，熱効率の向上や，燃料にバイオマスを混合するなどして化石燃料の使用量を抑えることで，排出量の抑制を目指しているのが現状である。また，NO$_x$ や SO$_x$ のように，化学処理によって大量の CO$_2$ を直接処理することは技術的に難しく，現在のところ行われていない。

　CO$_2$ の排出削減を目指して数多くの研究が行われているが，その中でも CO$_2$ 回収・貯留技術（CCS）を以下で取り上げる[5]。

　CO_2 回収・貯留技術とは，発電で生じた CO_2 を分離回収した後圧縮して，これを海底下進度数千 m の岩層に圧入して閉じ込めることで，大気中への CO_2 排出を抑えるものである。日本で行われている CCS の実証試験では，発電所などから発生した CO_2 ガスを分離回収し，これを海底の帯水層と呼ばれる地中に圧入することで CO_2 を閉じ込める。日本沿岸で CO_2 を貯留できる量は，近年の日本における CO_2 排出量の 100 年分程度に相当するという試算結果も報告されている。

▶▶ 章末問題にチャレンジ！ ⇒ 2-8〜2-16

2.3　原子力発電

2.3.1　核分裂反応

(1)　原子の構造

　原子は正電荷を示す**原子核**と原子核の周りに存在する負電荷を示す**電子**から構成される（**図 2-22**）。原子核は正電荷の**陽子**と電荷を示さない**中性子**から構成される。原子核の周りに存在する電子の数と原子核の陽子の数は等しく，原子は電気的に中性である。原子番号 Z の元素 X の質量数が A の原子核を $^A_Z X$ と示し，陽子の数は Z 個，中性子の数は $(A-Z)$ 個，電子の数も Z 個である。

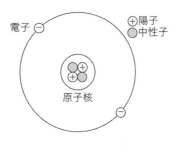

図 2-22　原子の構造

　原子番号 Z，質量数 A の原子核を構成する陽子と中性子の質量の総和 M_d は以下の式で表すことができる。

$$M_\mathrm{d} = ZM_\mathrm{p} + (A - Z)\,M_\mathrm{n}$$

ここで，M_p：陽子の質量，M_n：中性子の質量である。陽子と中性子の質量はほぼ $1.660 \times 10^{-12}\mathrm{kg}$ である。

　原子核の質量 M は一般に M_d より小さく，質量保存の法則が成立せず，質量数の差を**質量欠損**と呼ぶ。

$$\Delta M = M_\mathrm{d} - M$$

　原子核の構成する要素がバラバラなときに比べて，原子核を構成しているときの方がエネルギーの小さい状態になっている。アインシュタインの相対性理論によると，質量 M は $E = Mc^2$ のエネルギーと等価であるため，エネルギーの減少分 ΔE は，$\Delta M = \frac{\Delta E}{c^2}$ だけ質量が欠損したと考える事ができる。ここで，c は光速であり，$c = 3 \times 10^8\,\mathrm{m/s}$ である。

　今，原子核を分裂させるためには，原子核の外部から ΔE の大きなエネルギーを原子核に加える必要があり，ΔE を結合エネルギーと呼ぶ。$\frac{\Delta E}{A}$ を核子 1 個当たりの結合エネルギーといい，この値が大きい原子核ほど安定である。ここで，陽子と中性子を総じて核子という。**図 2–23** は縦軸に核子 1 個当たりの結合エネルギー，横軸に質量数をとったグラフである。同図から，質量数 A が 60 付近の原子がもっとも大きく，安定である。

　軽い原子核 2 つが融合してひとつの原子核になる場合を**核融合（Nuclear fusion）**といい，重い原子核が 2 つ以上に分裂する場合を**核分裂（Nuclear fission）**という。原子核反応では反応前と反応後の原子核の質量の和が異なり，原子核反応で質量の変化によって吸収，放出されるエネルギーを**核エネルギー**という。

(2)　原子炉の核分裂反応の仕組み

　原子核には，不安定で放射線を出しながら崩壊する原子核がある。核分裂反

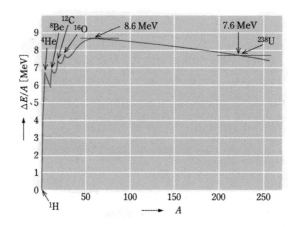

図 2-23 核子 1 個当たりの結合エネルギーと質量数 [6]

応とは，質量数が大きな原子核が高エネルギーをもつ中性子を吸収することで，
質量数の小さな複数の原子核に分かれることをいう。一般に，核分裂によって
発生した新原子核の質量の和と放出された中性子の質量の合計は，元の原子核
の質量数と入射した中性子の質量の合計より小さく，その差分が質量欠損とな
りエネルギーとして取り出すことができる。

　核分裂を起こす原子核を標的核といい，生成された原子核を生成核という。
原子力発電で標的核（原子燃料）としてよく利用されているウラン 235 の核分
裂の代表的な反応式は次に示す通りである。

$$^{235}_{92}\mathrm{U} + ^{1}_{0}n \rightarrow ^{94}_{38}\mathrm{Sr}\,(\text{ストロンチウム}) + ^{140}_{54}\mathrm{Xe}\,(\text{キセノン}) + 2^{1}_{0}n$$

ただし，核分裂反応は確率的に起こるため，たとえば，この他にも

$$^{235}_{92}\mathrm{U} + ^{1}_{0}n \rightarrow ^{95}_{39}\mathrm{Y}\,(\text{イットリウム}) + ^{139}_{53}\mathrm{I}\,(\text{ヨウ素}) + 2^{1}_{0}n$$

$$^{235}_{92}\mathrm{U} + ^{1}_{0}n \rightarrow ^{95}_{37}\mathrm{Rb}\,(\text{ルビジウム}) + ^{137}_{55}\mathrm{Cs}\,(\text{セシウム}) + 4^{1}_{0}n$$

などの反応が発生している。一般にウラン 235 の核分裂前と核分裂後の質量の
差，すなわち質量欠損は約 0.09％である。

　核分裂反応の生成核は一般に不安定あり，放射線を放出しながら安定した原子核に変化していく。こうした放射線を放出する不安定な原子核を**放射性物質**といい，放射線を放出して他の物質に変化する現象を放射性崩壊と呼ぶ。放射線を放出する能力を放射能といい，放射線とは原子核が放射性崩壊するときに放出される高速な粒子や電磁波である。主な放射線の種類には，ヘリウム原子を放出する α 線，電子を放出する β 線，中性子を放出する中性子線，波長が短い電磁波である γ 線などがある。放射線が人体等に与える影響や原子核の放射性崩壊の詳細については紙面の都合上割愛する。

(3)　連鎖反応

　原子炉において，継続的に核反応エネルギーを取り出すためには，核分裂反応を連続させる必要がある。すなわち，核分裂反応で生成された中性子を新たな標的核と反応させる必要がある。

　核分裂反応がおこると，いくつかの生成核とともに複数の中性子が発生する。これらは高いエネルギー（平均エネルギー：約 2MeV，平均速度：約 2×10^7m/s）を有しており，**高速中性子**と呼ばれる。高速中性子のままでは核反応が起こりにくいため，減速材を通過させてエネルギーを奪うことによりエネルギーの小さい**熱中性子**（平均エネルギー：約 0.025eV，平均速度：2.2×10^3m/s）とすることで，次の核分裂反応を起こりやすくする。このように核分裂反応が継続して行われることを**連鎖反応**という。**図 2-24** に核分裂の連鎖反応の概略図を示す。

　核分裂反応により生じた中性子のうち，平均して 1 個の中性子が次の標的核

図 2-24　核分裂の連鎖反応

と反応して核分裂反応を起こす状態を**臨界**という。つまり，臨界状態の場合には，平均して原子炉内の中性子数は変化していないことを意味する。平均して1個未満の中性子のみが核反応を引き起こす場合を「臨界未満」，1個以上の場合を「臨界超過」という。原子力発電所を稼働させる際には，臨界超過状態で出力を上げていき，定格出力に至ると臨界状態となるように核反応を制御している。

例題；*Let's active learning!*

2.7 原子力発電における核燃料（ウラン235）1 g が核分裂することにより得られるエネルギーは，重油に換算すると何リットルに相当するかを求めなさい。ただし，核分裂の質量欠損は 0.09 %，重油の発熱量を 10,000 kcal/リットルとする。

例 題 解 答

2.7 アインシュタインの質量とエネルギーの変換式により，1g のウラン235が核分裂したときに得られるエネルギーは，

$$E = \Delta mc^2 = \frac{1}{1,000} \times \frac{0.09}{100} \times \left(3 \times 10^8\right)^2 = 8.1 \times 10^{10} \, \text{J}$$

である。

　一方，重油 B [リットル] が燃焼したときの発熱量は，

$$E = B \times 10,000 \times 10^3 \times 4.18 \, \text{J}$$

で求められるので，1グラムのウラン235が核分裂したときに得られるエネルギーに相当する重油の量は，

$$B = \frac{8.1 \times 10^{10}}{10,000 \times 10^3 \times 4.18} = 2,000 \, \text{リットル}$$

となる。

2.3.2　火力発電と原子力発電の比較

　原子力発電の仕組みを説明する際に，火力発電所と比較する。火力発電所と原子力発電所の構成図を**図 2–25** に示す。同図に示すように，火力発電所は重油，石炭および天然ガス（LNG）等をボイラで燃焼させ，高温高圧の蒸気をつくる。次に，蒸気をタービンに送り，タービンに直結された同期発電機を回転させ，電力を発生させる。タービンで仕事を終えた蒸気は復水器で水に戻され，給水ポンプで再循環し，再び水はボイラに送られ，同様のサイクルを繰り返す。

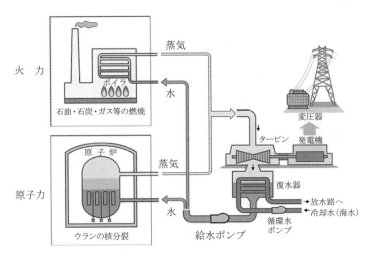

図 2–25　原子力発電所と火力発電所の比較 [7]

　原子力発電所も火力発電所と同様に，原子炉内でウラン等の核分裂反応の熱エネルギーから高温高圧の蒸気を発生させ，これを利用してタービンと発電機を回転させ，電力を発生している。タービンで仕事を終えた蒸気の流れは火力発電所と同様である。

　原子炉は火力発電所のボイラに比べて単位体積当たりのエネルギー密度，すなわち出力密度を大きくできる。そのため，原子炉をコンパクトな構造にすることができる。

　軽水型原子力発電所の蒸気条件は，燃料などの温度制限と熱伝達特性による制約のため，一般に火力発電所の蒸気条件よりも低く，火力の熱効率が約 45% に対して，原子力の熱効率は約 33% と低い。

2.3.3　原子炉の構成要素

　原子炉は熱エネルギーを発生させる重要な構成要素であり，原子炉内の中心を炉心と呼び，継続的に核分裂反応が起きている。概念図を**図 2-26** に示す。

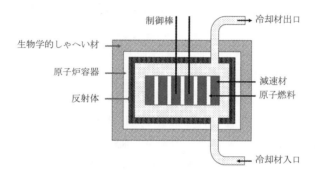

図 2-26　原子炉の概念図 [8]

　原子炉の主要な構成要素を以下に示す。

（1）原子燃料

　熱中性子を吸収して原子核分裂を起こすことができる**核分裂性物質**（^{235}U や ^{239}Pu など）と中性子を吸収し，核分裂性物質に変わる親物質（^{238}U や ^{232}Th）から構成され，物質を棒状に整形され，金属で覆われ，一定の間隔で配置されている。各燃料の間を，冷却材，あるいは減速材が流れている。

（2）冷却材

　冷却材は，燃料で発生した熱エネルギーを外部の熱交換器に伝える役割を持ち，中性子収断面積が小さく，熱伝導率や比熱が大きく，誘導放射能が小さく，燃料被覆材などの原子炉構成材料を腐食させないなどの性質が求められる。主に軽水，重水などがある。

（3）減速材

　核分裂で発生した高エネルギーの高速中性子を，次の核分裂反応に使用できる低エネルギーの熱中性子までエネルギーを低減させる役割を持ち，中性子吸収断面積が小さく，減速作用が大きい軽水，重水などがある。

（4）反射体

　炉心から放出される中性子を炉心に戻す役割を果たす。

（5）制御棒

　核分裂反応で生成された中性子を吸収する役割を果たし，制御棒の挿入度合いによって，核分裂反応を制御する。

2.3.4　原子炉の分類と特徴

　原子炉には，主として冷却材および減速材によっていくつかの種類に分けられる。現在，我が国で使用されている原子炉は**軽水炉型**と呼ばれ，減速材や冷却材に軽水を使用している。また，軽水炉は**沸騰水型軽水炉（Boiling Water Reactor，BWR）**と**加圧水型軽水炉（Pressurized water reactor，PWR）**がある。

　以下に，BWR と PWR について，説明する。

(1)　沸騰水型軽水炉（BWR）

　図 2-27 は BWR の概要図である。BWR は炉心内の水を再循環ポンプで再循環させながら沸騰させて直接蒸気を取り出し，気水分離器などを経て，その蒸気で直接タービンを駆動させるタイプの原子炉である。

　BWR の特徴としては次のようなものが挙げられる。

　　○ 核燃料に低濃縮ウラン，冷却材と減速材に軽水を用いる
　　○ 炉内で発生した熱で直接蒸気を発生させるため，蒸気発生器が不要である
　　○ 原子炉圧力容器の耐圧を PWR に比べて低くできる

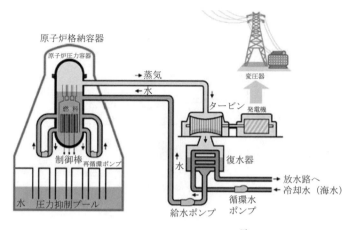

図 2-27　BWR の概要図 [7]

○ 放射性物質が含まれた蒸気を直接蒸気タービンに送るため，タービン系
にも放射線を遮蔽する対策が必要である

○ 原子炉圧力容器の内部に気水分離器等が収納されるため，原子炉圧力容
器が PWR より大きくなり，出力密度は小さくなる

○ 出力制御は，以下の再循環流量調整と制御棒の位置調整を併用する

　再循環流量調整による出力制御とは，再循環ポンプによる炉心流量を減少さ
せると，炉内のボイドの体積比率が増加し，出力が低下する。逆に，炉心流量を
増加させると出力が上昇する。BWR の通常運転中における出力制御に使用す
る。制御棒の位置調整による出力制御とは，制御棒を炉心に挿入すると，中性
子が吸収され原子炉の核分裂反応が低下し，出力が低下する。主として，BWR
の起動，停止や原子炉の緊急停止する場合に使用する。

(2)　加圧水型軽水炉（PWR）

　図 2-28 は PWR の概要図である。PWR は加圧器で加圧して炉心で加熱さ
れた高温高圧水（一次系の水）を蒸気発生器の熱交換によって二次系の水を加熱
して蒸気を発生させ，その蒸気でタービンを駆動させるタイプの原子炉である。

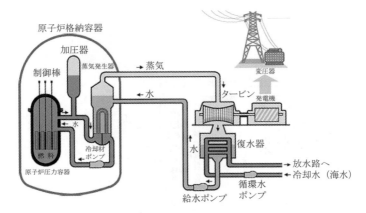

図 2–28　PWR の概要図 [7]

PWR の特徴としては次のようなものが挙げられる。

○ BWR と同じく，核燃料に低濃縮ウラン，冷却材と減速材に軽水を用いる

○ 冷却材が沸騰しないように**加圧器**で加圧される

○ 放射性物質を含む一次系の冷却水を**熱交換機**（蒸気発生器）で熱交換し，
　二次系で放射性物質を含まない蒸気を発生させるため，タービン系統に
　放射性物質が漏れ出る危険性は低い

○ 気水分離器等が不要なため，原子炉圧力容器が小さく，出力密度が大きい

○ 一次系の圧力に対応した原子炉格納容器の中に原子炉圧力容器と蒸気発
　生器を収めるため，BWR に比べて原子炉格納容器の設備が複雑である

○ 出力制御は，以下のホウ素濃度調整と制御棒の位置調整を併用する

　ホウ素濃度調整による出力制御とは，ホウ素が中性子を吸収する性質を利用
したもので，冷却材のホウ素濃度が上昇すると出力が低下する。PWR の燃料
の燃焼や核分裂生成物の蓄積による長期的な反応度の補償や原子炉の冷却停止
に用いる。制御棒の位置調整による出力制御とは，BWR と同様である。主と
して，PWR の起動，停止および通常運転中の出力制御や原子炉の緊急停止す
る場合に使用する。

BWR は原子圧力容器内に気水分離器等を含むため，PWR に比べて原子炉圧力容器の容積が大きい。したがって，BWR と PWR の出力密度を比較すると，BWR で 50kW/L 程度，PWR で 90kW/L 程度と PWR の方が約 2 倍大きい。

例題；*Let's active learning!*

2.8 軽水炉の他にどのような原子炉の種類が実用化されているか調べてみよう。

例 題 解 答

2.8 省略

2.3.5 核燃料サイクル

ウラン鉱石に含まれる天然ウランを核燃料に加工し，原子力発電に使用した後，使用済み核燃料に存在するウランやプルトニウムを再処理し，核燃料として再利用する一連のプロセスを核燃料サイクルと呼び，その概念を図 2–29 に示す。

各施設の役割を以下に説明する。

(1) 精錬工場

採掘されたウラン鉱石は，重ウラン酸塩の沈殿物（イエローケーキ）として精製される。

(2) 転換工場

精錬工場で得られたイエローケーキを二酸化ウラン（UO_2）に，そして，六フッ化ウラン（UF_6）に転換される。ここで，UF_6 は安定なウラン化合物で，常温で適度な蒸気圧もあり，ウラン濃縮法の作業物質として大いに利用されている。

(3) ウラン濃縮工場

天然ウランのほとんどは核分裂を起こしにくい $^{238}_{92}U$ であり，核分裂を起こす原子燃料となる同位体 $^{235}_{92}U$ は 0.72% しか含まれていない。そこで，効率的に発電するために，濃縮工場で $^{235}_{92}U$ の濃度を 3～5% に高める必要がある。濃縮の方法には，遠心分離法，ガス拡散法など質量差を利用したものがある。

(4) 再転換工場

　濃縮工場から送られてくる UF_6 を，乾式の再転換法を用いて，UO_2 粉末を得る。

(5) 成型加工工場

　UO_2 粉末に添加物を加え，円筒形状に加工成型し，成型体を高温焼結し，ペレットを得る。成型されたペレットはジルカロイ製の被覆管に収められ，被覆管内部をヘリウムガスで充填し，燃料棒となる。燃料棒の集合体が燃料集合体となり，原子炉内に装荷される。

(6) 再処理工場

　（a）受け入れ・貯蔵，（b）せん断・溶解，（c）分離，（d）精製，（e）脱硝，（f）製品貯蔵に工程に分けられる（**図 2–30**）。（a）受け入れ・貯蔵の工程において，使用済み核燃料が専用の輸送容器（キャスク）に入れられ，プールに一定期間保管され，キャスクから使用済み燃料が取り出され，十分に放射能が減衰するまで保管される。（b）せん断・溶解の工程において，使用済燃料は 3〜4cm の長さに細かくせん断し，被覆管など金属片と，燃料部を硝酸で溶かした後，ウラン，プロトニウム，核分裂生成物（高レベル放射性廃棄物）を分ける。（c）分離の工程において，ウラン・プロトニウムと核分裂生成物（高レベル放射性廃棄物）に分離し，核分裂生成物（高レベル放射性廃棄物）はガラス原料と混合し，固化してステンレス製容器（キャニスター）に保管する。ここで，低レベル放射性廃棄物には，中性子により放射化された主な核種として，マンガン（^{54}Mn）やコバルト（^{60}Co）を含んだ原子力発電所で発生するものと，再処理工場や MOX 燃料加工工場で発生する超ウラン核種を含む廃棄物がある。（d）精製の工程において，ウラン溶液とプロトニウム溶液を精製する。（e）脱硝の工程において，ウラン酸化物は UO_3 として，プロトニウム溶液は核拡散防止の観点から，ウラン・プロトニウム混合酸化物として生成する。ここで，ウラン・プロトニウム混合酸化物を MOX 燃料加工工場に送り，プルサーマル（ウラン－プロトニウム混合酸化物燃料を軽水炉で使用するもの）で使用する核燃料を加工することができる。

【原子燃料サイクルの概念】

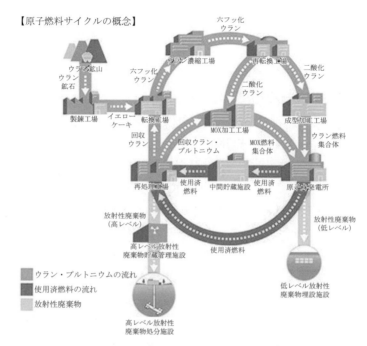

図 2–29　核燃料サイクルのイメージ [9)]

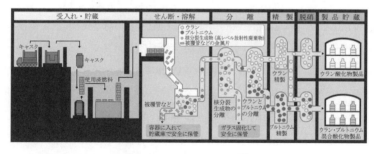

図 2–30　再処理工程 [10)]

例題; *Let's active learning!*

2.9 日本における以下の施設について，調べてみよう。

　・再処理工場

　・MOX 燃料加工工場

例 題 解 答

2.9 省略

2.4　新エネルギーを利用した発電

2.4.1　新エネルギーと再生可能エネルギー

　一般に，再生可能エネルギーとは，太陽光，風力，その他の非化石エネルギーのうち，エネルギーとして永続的に利用できるものを指す。したがって，有限な資源である石油，石炭，天然ガス，原子力（ウラン核分裂）などは再生可能エネルギーに含まれない。ここで，水力発電は再生可能エネルギーに分類されるが，後に述べるように規模の条件によって，新エネルギーにも分類される。

　図 2–31 に示すように，新エネルギーは再生可能エネルギーの中に含まれ，1997 年に制定された新エネルギー利用等の促進に関する特別措置法（以下「新エネ法」），さらに，2005 年 7 月から 2006 年 10 月にかけて開催された総合資源エネルギー調査会新エネルギー部会において，新エネルギーの概念の範囲の見直しが行われた。同法に基づくと，「新エネルギー利用等とは，非化石エネルギーを製造し，若しくは発生させ，または利用すること及び電気を変換して得られる動力を利用することのうち，経済性の面における制約から普及が十分でないもの」とある。そのなかに，1,000kW 以下の中小水力発電が含まれるが，既に技術が確立した大規模水力発電は含まれない。したがって，再生可能エネルギーの定義に含まれる新エネルギーの中で，発電に利用可能なエネルギー源は，(1) 風力，(2) 太陽光，(3) 地熱（熱水を著しく減少させないもの），(4) 中小水力（水路式 1,000kW 以下），(5) バイオマスである。また，電気に変換しないが，別のエネルギー源として，太陽熱利用，雪氷熱利用，バイオマス熱利用などもある。

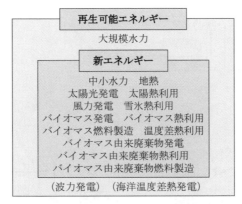

再生可能エネルギー

大規模水力

新エネルギー

中小水力　地熱
太陽光発電　太陽熱利用
風力発電　雪氷熱利用
バイオマス発電　バイオマス熱利用
バイオマス燃料製造　温度差熱利用
バイオマス由来廃棄物発電
バイオマス由来廃棄物熱利用
バイオマス由来廃棄物燃料製造

（波力発電）（海洋温度差熱発電）

化石原料由来廃棄物発電・熱利用・燃料製造（※）

革新的なエネルギー高度利用技術

再生可能エネルギーの普及，エネルギー効率の
飛躍的向上，エネルギー源の多様化に資する新
規技術であって，その普及を図ることが特に必
要なもの

((※) 化石原料由来廃棄物発電・熱利用・燃料製造については，省
エネルギーの一手法として位置づけられる)

図 2–31　再生可能エネルギー・新エネルギーの分類 [11]

2.4.2　太陽光発電

(1)　太陽電池の基礎

　太陽光発電は，太陽電池を用いて光のエネルギーを電気エネルギーに直接変
換する発電方式である。発電時は化石燃料を燃焼することなく，二酸化酸素等
の排出ガスを放出しないため，環境負荷が低いことが特徴である。

　太陽電池の発電原理を**図 2–32** に示す。太陽電池は，p 形半導体と n 形半導
体で構成されており，その接合面に太陽光があたると，電子と正孔が生成され
る。生成された電子と正孔は内部電界によって電子が n 形半導体側に，正孔が
p 形半導体側に分離され，電極間に起電力が発生する。このとき外部に負荷を接
続すると n 型半導体側から電子が流れ，p 型半導体側から負荷に電流が流れる。

　太陽電池の出力は，入射光の強度によって変化するため，太陽電池の公称最

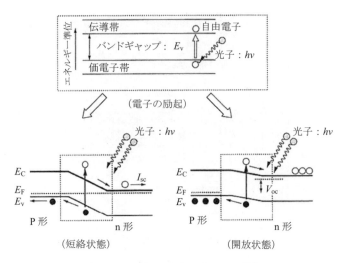

図 2–32　太陽電池の発電原理 [12]

大出力は標準試験条件の下（地上用太陽電池では，Air mass 1.5, 1,000W/m²）
での出力である。一般的な太陽電池の電流電圧特性を**図 2–33** に示す。同図か
ら，点 P を最大出力と呼び，この時の電圧，電流を最大出力点電流 $I_{\max}$，最大
出力点電圧 $V_{\max}$ と呼ぶ。さらに，太陽電池の電極間を開放したときの電圧を
開放電圧 V_{oc} と呼び，電極間を短絡したときの電流を短絡電流 I_{sc} と呼ぶ。ま
た，太陽電池の性能を表す重要な指標は，**曲線因子（fill factor, FF）**と呼び，

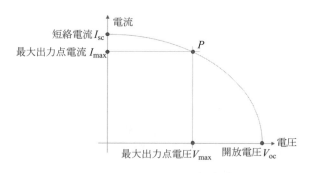

図 2–33　太陽電池の電流電圧特性（I-V 特性）

以下の式で表される。

$$FF = \frac{V_{\max} \cdot I_{\max}}{V_{\mathrm{oc}} \cdot I_{\mathrm{sc}}}$$

また，点 P を最大出力動作点（**Maximum power point**）とも呼び，日射条件が変化した場合でも，太陽電池から最大出力を得るため，端子電圧をインバータで制御する**最大出力追従制御**（**Maximum power point tracking**, **MPPT**）方式がある。

　太陽電池を材料の観点から大別すると，シリコン系，化合物系，および有機材料系に分けられる。

　結晶系シリコン太陽電池がもっとも普及している太陽電池である。結晶系シリコンには，単結晶系と多結晶系がある。pn 接合を用いた太陽電池の理論的な最大変換効率は約 30%程度であり，単結晶系は 24%程度，多結晶系は 20%程度のものが実現されている。結晶系の太陽電池は，長期安定性に優れ，結晶自体の経年劣化はわずかであるが，太陽電池セルとして，電極部分やシーリング剤の劣化のため，20 年程度の寿命である。原料となる Si の埋蔵量は多く，製造技術は成熟しているが，製造コストは比較的高価である。

　図 2-34 の太陽電池の基本構造に示すように，結晶系シリコンの pn 接合部の厚みが 150〜200μm であるのに対し，薄膜系太陽電池は，ガラスなどの安価な基板上にプラズマ等を用いて，厚みが 1μm 程度，あるいはそれ以下の薄膜上のシリコン膜を形成する。シリコン原子がランダムに結合した状態のアモルファスシリコンと，多結晶シリコンの結晶粒を 50〜100nm 程度にした結晶を集めた微結晶シリコンがある。アモルファスシリコンは光劣化と熱回復特性があり，発電性能は照度や温度の履歴に左右される。

　図 2-35 に示すように**化合物系太陽電池**は，数 μm 程度の銅インジウムガリウムセレン（CIGS）系やカドミウムテルル（CdTe）系などの薄膜を用い，多結晶構造である。変換効率は，CIGS 系では，面積の小さい電池で 20%程度，モジュールサイズで 13%程度，CdTe 系では，面積が小さいもので 16%程度，モジュールサイズで 10%程度のものが開発されている。その他に，用いる材料

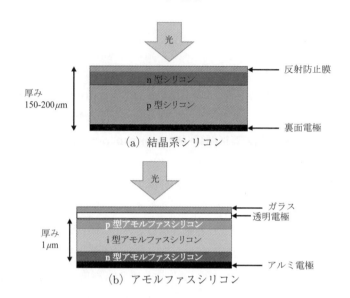

図 2-34　結晶系シリコンとアモルファルシリコン太陽電池の基本構造

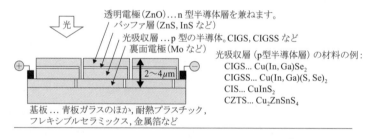

図 2-35　CIGS 系太陽電池の基本構造 [13)]

や製造方法の選択肢が豊富であり，ひとつの材料系で安価な太陽電池から高機能な太陽電池まで製造が可能であるといわれている。

　特徴として，他の太陽電池と比べ，常温・常圧で太陽電池を製造でき，大面積化できる可能性があり，製造コストの低下が期待できる。

　色素増感太陽電池の基本構造は，**図 2-36** に示すように，透明導電膜，半導体（酸化チタン TiO_2），光を吸収する色素，イオンが移動する電解液，透明導

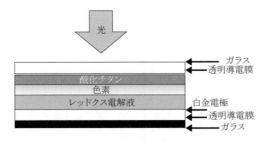

図 2-36 色素増感太陽電池の基本構造

電膜からなる。TiO_2 に吸着した色素で光吸収を行い，半導体中に電子を注入し，両極の電極に負荷を接続することで，発電できる。

有機薄膜太陽電池は，有機物質中の n 型と p 型半導体を混ぜて塗布し，電極で挟むだけで太陽電池となる。光電変換のプロセスは，有機物質中で 1）光吸収，2）電子・正孔対の生成，3）電子・正孔の拡散，4）界面における電子・正孔による電化分離過程でキャリアが生成され，5）内部電解によるキャリアの分離，6）キャリアの移動，7）外部回路への電力供給となる[14]。

太陽電池を次のように等価的な電気回路として考えることができる。太陽電池の出力は，定電流電源 I_{sc} から pn 接合半導体の整流特性を差し引いた形となっており，これに直列抵抗 R_s と接合部の漏れ電流を並列抵抗 R_{sh} で模擬すると，太陽電池の等価回路は**図 2-37** のように表される。

この等価回路より，太陽電池から外部に流れる電流 I は，次式のように表される。ただし，光誘起電流 I_{sc} は，照射される光の強さによって変化するものである。

$$I = I_{sc} - I_0 \left[exp \left\{ \frac{q\left(V + R_S I\right)}{nkT} \right\} - 1 \right] - \frac{V + R_s I}{R_{sh}} \ [\mathrm{A}]$$

ここで，I_{sc}：光誘起電流 [A]，R_s：直列抵抗 [Ω]，R_{sh}：並列抵抗 [Ω]，n：ダイオード因子，I_0：逆飽和電流 [A]，k：ボルツマン定数 [J/K]，T：モジュール温度 [K]，q：電子の電荷 [C] である。

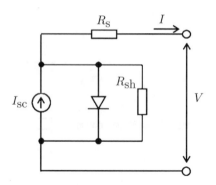

図 2-37　太陽電池の等価回路

(2)　太陽光発電システム

　一般的な太陽電池の変換効率は 10〜15%，太陽電池セル 1 個当たりの出力電圧は約 0.5V であるため，**図 2-38** のように数十個のセルを直列に接続し，モジュールを構成する。モジュールはセルが直列に接続されているため，セル 1 枚が不良な場合，モジュール全体の電圧が低下するため，一般的にバイパスダイオードが接続されている。

　モジュールの変換効率を 10%とすれば，$1m^2$ の太陽電池パネルから得られる電力は約 100W であり，必要な電圧を得るため，太陽電池モジュールを直列・

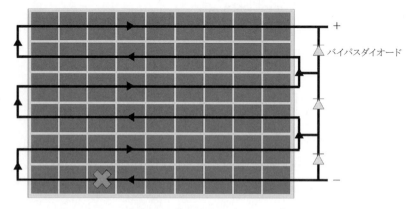

図 2-38　バイパスダイオード [2]

並列に接続し，アレイを構成する。太陽光発電システムの構成例を**図2-39**に示す。ここで，モジュールを直列に接続したストリングが，ブロッキングダイオードを通して，他のストリングと接続箱で接続され，所定の出力を得ることができる。さらに，パワーコンディショナで交流に変換され，変圧器で適切な電圧まで昇圧され，電力系統に接続される。ここで，ブロッキングダイオードの役割はストリングの電圧が低下したとき，他のストリングから電流逆流を防止するためである。

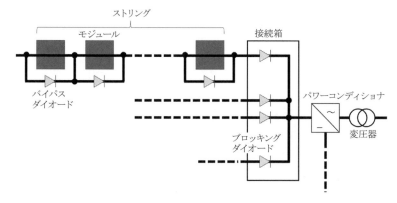

図 2-39　太陽光発電システム例 [8]

　次に，太陽光発電システムは，(1) **系統連系型**，(2) **独立型**に分類される（**図2-40**）。系統連系型は，接続する電力系統が太陽光発電システムに対して十分大きな系統である場合，太陽光発電システムは最大出力動作点で運転することが可能である。一般に，住宅用の設備容量は，3～5kW，単相200Vの低圧連系となり，公共・産業用の設備容量は，10kW，100kWユニットを拡張するシステムであり，三相高圧／特別高圧が多いが，逆潮流が小さい場合，みなし低圧連系の場合もある。次に，負荷を持たず，純粋に発電用として系統に連係するシステムがあり，MW級の太陽光発電システムは，**メガソーラ発電**とも呼ばれる。

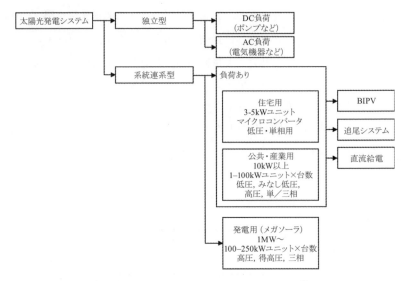

図 2-40　太陽光発電システムの分類例 8)

　また，太陽光発電は気象条件によって発電量が大きく左右されるため，独立型として利用する場合，蓄電池と充放電制御装置の運用が必要となる。詳細は 2.4.5 で学習する。

例題；*Let's active learning!*

2.10　現在の我が国と世界での太陽光発電の導入実績について，調べてみよう。

例 題 解 答

2.10　省略

2.4.3　風力発電

　風力発電（**Wind-power generation**）とは，風車で風の運動エネルギーを回転エネルギーに変化させた後，さらに，発電機で回転エネルギーを電力エネルギーに変換する装置である。風車の設置にあたっては，風況の良い地点が

望まれる他，風車の周囲には風切り音などが生じるため，特に居住地近くに設置する場合は，騒音等による影響を極力抑えるようにする必要がある。

風力発電は，風車の大型化により 1 基あたりの発電電力を増やすことができる。現在，発電電力は 1 基あたり最大 10MW 程度である。経済的なメリットの点から，1 基あたりの発電電力の向上を目指した大型化が進んでいる。

以下では，はじめに風力発電の発電原理を学ぶ。次に風力発電の設備構成や制御について，最後に風力発電の現況について学んでいく。

(1) 発電量の計算

風の持つ運動エネルギーは，一般的に

$$E = \frac{1}{2}mv^2$$

で求められる。ここで m は空気の質量，v は空気の速度である。

空気の密度を ρ，風車の回転面積を A とすると，風車を単位時間に通過する空気の質量は，

$$m = \rho A v$$

と求められる。上の 2 式より，次式が得られる。

$$E = \frac{1}{2}C_{\mathrm{p}}\rho A v^3$$

このように，運動エネルギーは風速の 3 乗に比例することになる。ここで C_{p} は，風力エネルギーから風車により取り出せるエネルギーを示す係数であり，最大 0.3〜0.4 程度になる [15]。

(2) 風力発電の設備構成

図 2–41 に，代表的な風力発電設備の構成図を示す。風力発電は，風を受けて回転するブレード（**Blade，羽根**），ブレードと回転軸との接続部であるハブ，回転数を変換する増速機，回転エネルギーを伝える伝達軸，回転エネルギー

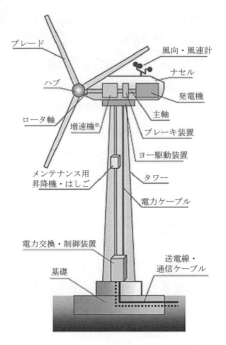

図 2-41　風力発電設備の構成図 [15)]

を電気エネルギーに変換する発電機，発生した電圧を適切な値に変換し，電力
システムへ送るための電力変換・制御装置などから構成される。

　ランダムに変動する風に対して，可能な限り最適運転状態に近づけるため，ブ
レードを回転させ，ピッチ制御を行う。風車を起動するカットイン風速付近の
弱風時には，トルクが最大となるようにピッチを変え，強風時には，過回転を
防止し，カットアウト風速を超える場合，風車を停止させるようにピットを制
御する。このための制御装置も備えられる。

(3)　発電機と制御方式

　風力発電の発電機として，誘導発電機を用いることが多いが，同期発電機を
利用する場合もある。

　誘導発電機直結方式とは，かご形誘導発電機を，増速機を介して風車で駆動する方式である。回転数を一定に保つ必要がある。かご形誘導発電機を用いるため，構造的に単純かつ堅牢であるが，発電機の制御ができない欠点がある。

　誘導発電機の二次抵抗制御方式とは，巻線形誘導発電機を，増速機を介して風車で駆動する方式である。発電機の二次側巻線の抵抗値を制御することで回転数を可変とする。

　誘導発電機の二次励磁制御方式とは，巻線形誘導発電機を，増速機を介して風車で駆動する方式である。二次側巻線に，可変周波数制御を用いることで，回転数を可変とする。

　同期発電機による直流リンク方式とは，同期発電機を用い，出力側をコンバータで直流に変換した後，インバータで再び系統周波数の交流に変換する方式である。本方式は，風車の回転数を変化させることができる。

(4)　ウィンドファーム

　大規模な発電を行うウインドファームでは，1 基あたり数 MW の風力発電設備を多数設置して構成される。建設のためのインフラ整備や，容量の大きな電力を送電できる送配電線が必要であるが，一般的に風況が良い地点は，過疎の地域が多く既設の送配電線では不十分なことがあるため，送配電線の容量増加（新設や増設）が必要である。なお 1 基あたりの発電容量は，時代とともに大容量化の傾向にあり，その分コスト低減を図ることができる。

(5)　洋上風力発電

　近年，海上に風車を建設し風力発電を行う**洋上風力発電（Off-shore wind power generation）**が広く注目されている。洋上風力発電では，**図 2–42** に示すように，海上に浮かべるタイプの浮体式と，海底に基礎を築いて設置する着床式がある。洋上風力発電では，沖合数十 km に設置されることもある。この場合，長距離の海底ケーブル送電が必要になるため，発電した電力を直流送電して陸上の電力システムと連系する。

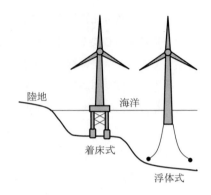

図 2-42　浮体式と着床式

2.4.4　その他の主な発電

(1)　燃料電池

　燃料電池（**Fuel cell**）とは，水の電気分解と逆の反応，すなわち水素と酸素から水を合成するときに生じる電気エネルギーを取り出すものである。燃料電池の原料となるのは水素と酸素であるが，水素は外部から供給することで，酸素は空気中から取り込んで使用される。燃料電池は，発電の排熱を熱源として有効利用することでエネルギー効率を高めることが可能となる。このため，電気と熱の同時供給を行う，**コジェネレーションシステム**の中で用いられることも多い。

　以下では，燃料電池の原理，種類，特性を学び，次にコジェネレーションシステムとしての利用，また燃料電池の課題について学んでいく。

(a)　原理と基本構造

　水の電気分解は，一般的に以下の化学反応で表わされる。

$$2H_2O \rightarrow 2H_2 + O_2$$

この時，電極間に電圧を印加することで，水は水素と酸素に分離され，その時に発生した電子が電極間を流れることで電気エネルギーが消費される。一方，燃

料電池ではこれと逆の反応

$$2H_2 + O_2 \rightarrow 2H_2O$$

を起こすことで，電気エネルギーを取り出すことができる。

　燃料電池の基本構造を**図2–43**に示す。図のように，燃料極に水素を供給し，空気極に空気（酸素）を供給することで，

$$燃料極：H_2 \rightarrow 2H^+ + 2e$$

$$空気極：\frac{1}{2}O_2 + 2H^+ + 2e \rightarrow H_2O$$

の反応を起こす。この時，燃料極から空気極に向かって水素イオンが，外部回路を伝って電子が供給されるため，外部回路に電流が流れ電気エネルギーが生じる。なお，燃料電池の種類によって燃料極や空気極における反応や電解質を伝わるイオン種は変わる。

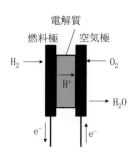

図 2–43　燃料電池の基本構造（固体高分子形の場合）

(b)　燃料電池の種類

　燃料電池は，電解質の種類によって，固体高分子形，リン酸形，溶解炭酸塩形，固体酸化物形などに分けられる。それぞれの特徴を比較したものを**表2–2**に示す。固体高分子形，リン酸形は，200℃程度までの比較的低温域で動作する。一方，溶解炭酸塩形や固体酸化物形は，600℃〜1,000℃程度の高温域で動作し，出力が比較的大きい。

表 2-2　燃料電池の種類と特徴比較

種類	固体高分子形	リン酸形	溶解炭酸塩形	固体酸化物形
略称	PEFC	PAFC	MCFC	SOFC
イオン導電種	H^+	H^+	CO_3^{2-}	O_2
動作温度	約 80 ℃	約 200 ℃	約 650 ℃	約 800 ℃
電解質	固体高分子膜	リン酸（H3PO4）	溶融炭酸塩	安定化ジルコニア
発電効率	30%	40%	60%	60%
出力	10kW 以下	100kW 以下	100MW 以下	10MW 以下

(c)　燃料電池と排熱利用

　燃料電池は，発電により電気エネルギーを取り出すとともに，排熱を利用した熱供給を併せて行うコジェネレーションとして用いることで，熱効率を大幅に高めることができる。高温域で動作する燃料電池（SOFC, MCFC など）の場合，排熱をタービン発電機（2.2.2 で学んだ）のエネルギー源として用いることでコンバインドサイクル発電を行い，熱効率を高めることができる。また低温域で動作する燃料電池（PEFC, PAFC など）の場合，排熱を暖房や給湯に利用するコジェネレーションによって，排熱を有効活用し，熱効率を高めることができる。家庭用には，エネファームと呼ばれる，燃料電池を使ったコジェネレーションシステムの普及が進められている。**図 2-44** に，コジェネレーションとコンバインドサイクル発電の熱利用の流れを示す.

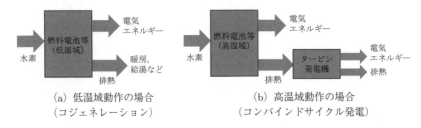

(a) 低温域動作の場合　　　　　　(b) 高温域動作の場合
（コジェネレーション）　　　　　（コンバインドサイクル発電）

図 2-44　燃料電池におけるエネルギーの流れ

(2)　バイオマス発電

　バイオマス発電（**Biomass power generation**）では，生物に由来する有機性物質を燃料として発電に用いる。生物に由来するため，再生可能であり，また燃焼させても CO_2 の増加につながらない，といった特徴を有している。バイオマスの主なものとしては，木材，食品廃棄物，古紙，農産物，家畜の糞尿，糖・でんぷん，廃棄油など多岐にわたる。**表2-3** に，バイオマス発電に用いられる代表的な燃料を示す。

　バイオマス発電では，たとえば木材などをチップ化してそのまま燃料として用いるものと，発酵や化学処理などにより燃焼しやすい物質に変換して用いるものがある。特に，前者においては，石炭火力発電所において，原料となる石炭に数%混ぜて燃料として用いることで CO_2 排出削減を目指す，混焼が行われている。バイオマスを多く混ぜるほど CO_2 削減効果は高まるが，同時に発電効率も低下してしまうので，両者のバランスを考慮にいれながら混合割合が決定される。また後者を用いる場合は，化学処理を用いて変換するのに何らかのエネルギーが必要になることを考慮に入れる必要がある。

表 2-3　バイオマスの分類と種類 [16]

種類

廃棄物系	家畜糞尿，下水汚泥，木材の廃材，廃棄紙など
未利用系	未利用木材（間伐材など），未利用農産物（稲わらなど）
資源系	糖質資源（サトウキビなど），農産資源（トウモロコシなど），油脂資源（菜種など）

利用形態

直接燃焼	資源を燃焼して熱エネルギーを得る。これを電気エネルギーに変換する
熱分解	
ガス化	
油化・液化	
バイオディーゼル燃料	油脂とメタノールによるエステル交換反応により製造され，ディーゼル燃料（軽油の代替）として用いられるため，主に自動車用燃料である
バイオエタノール	糖質を発酵させエタノールを生成し，これを燃料として用いる

　バイオマス発電の問題点としては，大規模化が容易ではないため，コスト高であることが挙げられる。一方，地域ごとの特性，たとえば林業が盛んな地域では木材，農業が盛んな地域では農産物，などといった地域産業に密着したエネルギー源が供給されやすいという特徴を有する。そのため，地域でのエネルギー供給という分散電源の特性をもっとも発揮しやすいエネルギー源であるともいえる。

2.4.5　電気エネルギー貯蔵

　電気エネルギー貯蔵は，出力が安定しない再生可能エネルギーの利用を促進するため，あるいは負荷を平準化するため，または災害時等の非常時にバックアップ電源，瞬時停電（瞬停）対策など，多種な利用目的が考えられる。

　一般的に発電所は，経済的な運転が望まれるが，発電量によって効率が変動する。発電所は，負荷変動に合わせて，発電機の出力を変動させる必要があり，結果的に低効率で運転せざるを得ない場合が生じる。そこで，充放電効率が高い大容量の電気エネルギー貯蔵装置があれば，電力需要をピークカット，ピークシフト，ボトムアップすることで負荷平準化を図り，発電機を高効率で運転できる状態に保つことで，発電側からみた経済的運転（最適負荷配分）が期待できる。このような考え方を，次の例題で確かめてみよう。

例題；*Let's active learning!*

2.11　今，出力 100 万 kW，熱効率が 46% の火力発電所があり，出力をこれより
　　　±20 万 kW 変化させると，熱効率が 40% に低下するという。この火力発電
　　　所が電力供給する地域は，1 日のうち，8 時間が 120 万 kW，8 時間が 100
　　　万 kW，残りの 8 時間が 80 万 kW の需要があるという。

　　　(1) 需要変動に合わせて発電所を運転した場合の平均熱効率を求めよ。

　　　(2) 十分な量の電気エネルギー貯蔵装置を用いることを想定する。この時
　　　　　の平均熱効率を求めよ。

　　　(3) (2) の運転に必要なエネルギー貯蔵装置の容量を求めよ。

例 題 解 答

2.11 (1) 需要変動に合わせて発電所を運転した場合，熱効率 46% で 8 時間，熱
効率 40% で 16 時間運転するから，平均の熱効率は，$\frac{8 \times 46 + 16 \times 40}{24} = 42$ %

(2) 十分な量の電気エネルギー貯蔵装置があれば，常に最高効率の 100 万
kW で火力発電所を運転できる。すなわち，需要が 80 万 kW の時に
余った電力で電気エネルギー貯蔵を行い，需要が 120 万 kW の時には
電力が不足するので，貯蔵したエネルギーを利用する（ただしエネル
ギー貯蔵装置で発生する損失は考えないものとする）。この時には，常
に 100 万 kW で発電できるので，平均の熱効率は，46% である。(1)
に比べて効率向上となる。

(3) 必要な電気エネルギー貯蔵装置の容量は，20 万 kW で 8 時間分の電力
量を蓄えられる分だから，20 万 × 8 = 160 万 kWh である。

　一方，近年利用の拡大が望まれている再生エネルギーによる太陽光・風力発電
等は，天候などに影響されて安定した出力が期待できない電源であるため，そ
のまま電力系統に接続することで電力の品質の低下が予想される。特に，太陽
光発電は瞬時に出力が変動するため，出力変動を補償することができる電気エ
ネルギー貯蔵装置が必要となる。また，風力発電は夜間も発電するが，調整能
力を持つ火力発電機が容量的に少数となるため，日間，半日の時間帯を補償で
きる電気エネルギー貯蔵装置，また，太陽光発電と同様に瞬間的に変動する出
力を補償できる能力も望まれる。**図 2–45** に，出力変動補償の概念を示す。電
気エネルギー貯蔵装置により，太陽光発電の変動を抑制する。

　これまでに研究，利用されている電気エネルギー貯蔵技術として，揚水式水
力，二次電池，電気二重層キャパシタ，フライホイール，超電導エネルギー貯
蔵装置，圧縮空気エネルギー貯蔵装置などがある。各種方式の特徴を**表 2–4** に
まとめて示す．

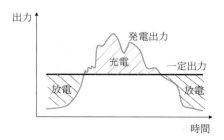

図 2–45　出力変動補償の概念

表 2–4　各種エネルギー貯蔵方式と特徴比較 [17]

項目	揚水式水力	二次電池	電気二重層キャパシタ	フライホイール	超伝導コイル
貯蔵エネルギー形態	位置エネルギー（mgh）	化学エネルギー（qv）	電気エネルギー（$Cv^2/2$）	運動エネルギー（$I\omega^2/2$）	磁気エネルギー（$Li^2/2$）
発電変換装置	交流発電機	インバータ	インバータ	可変速交流発電機	インバータ
貯蔵効率	65〜70%	65〜90％	〜70%	〜80%	80〜90%
エネルギー密度	小（落差による）	小〜大	小〜中	小〜大	小
負荷応答時間	数分	瞬時	瞬時	瞬時	瞬時
運用単位	日〜週	分〜日	〜分	〜分	〜日
貯蔵規模	大	小〜大	小	小	小〜大
主な用途(例)	ピーク電源運動・瞬動予備力	予備電源負荷変動対策負荷平準化	瞬時電圧の低下対策	変動負荷対策	瞬時電圧の低下対策系統安定化対策

(1)　揚水式水力

　揚水式水力は，水の有する位置エネルギーを利用してエネルギー貯蔵を行うものであり，もっとも古くから用いられてきた。他の方式に比べて大規模なエネルギー貯蔵が可能である。なお，揚水発電の詳しい設備構成などは「水力発電（2.1）」で述べた通りである。

(2)　二次電池

　二次電池とは，いわゆるバッテリーや蓄電池と呼ばれるものであり，充電を行うことでエネルギー貯蔵し，それを負荷に接続することでエネルギーを取り出すタイプのものである。二次電池には後で述べるようにいくつかの種類があるが，その構造は**図 2–46** のようになっている。二次電池は正極，負極，電解液，および正極と負極を絶縁するためのセパレータ等で構成される。次に，二次電池が負荷に接続された場合（電池を放電する場合）では，電池が充電されている状態で負荷が接続されると，正極では負荷を通じて電子を取り込み，負極では負荷を通じて正極へ電子を放出するため，電子は負極から負荷を通って正極へ流れる。すなわち，電流は，正極から負荷を通って負極へ向かうことになり，電池は負荷へエネルギーを供給する電源として機能する。逆に充電時には，電流は負極から負荷を通って正極へ流れるため，電池は負荷からエネルギーを受け取ることになる。

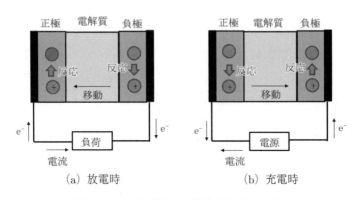

図 2–46　二次電池の基本構造と電気の流れ

　二次電池には応答性や充電密度，充電容量，コストなどに応じてさまざまなタイプのものが使用される。主なものに，ナトリウム硫黄電池，レドックスフロー電池，ニッケル水素電池，リチウムイオン電池等がある。

（a）ナトリウム硫黄電池（NAS 電池）

　ナトリウム硫黄電池は，負極にナトリウムを，正極に硫黄を，電解質に β アルミナを利用した高温作動型二次電池である。放電時にそれぞれの電極で行われる化学反応は以下の通りであるが，充電時にはこの逆反応が行われる。運転には高温が必要なため，大規模電気エネルギー貯蔵用に用いられることが多い。

負極：$2Na \rightarrow 2Na^+ + 2e^-$

正極：$5S + 2Na^+ + 2e^- \rightarrow Ns_2S_5$

(b) レドックスフロー電池（RFB）

　レドックスフロー電池は，バナジウムなどの金属イオンを用いた電解液を循環させて充放電を行う。電池本体の他，電解液を循環させるための循環系が必要であり，大規模な電気エネルギー貯蔵用に用いられることが多い。たとえば政局側の電解液に V^{5+}，V^{4+} を，負極側の電解液に V^{2+}，V^{3+} を含んだイオンがある場合，放電時に以下のような反応が生じる。

負極：$V^{2+}(2 \text{価}) \rightarrow V^{3+}(3 \text{価}) + e^-$

正極：$VO^{2+}(5 \text{価}) + 2H^+ + e^- \rightarrow VO^{2+}(4 \text{価}) + H_2O$

(c) ニッケル水素電池（NiMH）

　ニッケル水素電池では，正極材料は充電時においてオキシ水酸化ニッケル $NiOOH$ で，放電により $Ni(OH)_2$ に還元される。負極材料は金属水酸化物 MH（M は金属）であり，OH との反応により金属と水に分解される。充電時には逆の反応が行われる。

正極：$NiOOH + H_2O + e^- \rightarrow Ni(OH)_2 + OH^-$

負極：$MH + OH^- \rightarrow M + H_2O + e^-$

　ニッケル水素電池は常温で作動し，循環系も不要なことから，乾電池型の小型のものや電気自動車用バッテリー，電力用の電気エネルギー貯蔵など小型から大型まで適用範囲が広い，という特徴を有する。

(d) リチウムイオン電池（LIB）

　リチウムイオン電池（Lithium ion battery，LIB）は，正極にコバルト酸リチウム，負極に黒鉛を用いたタイプのものが多く用いられるが，正極材料はマンガン酸リチウムやリン酸鉄リチウムなどが用いられたものも使われる。正

極，負極では放電時に以下の反応が行われ，充電時にはその逆反応がみられる。

正極：$LiCoO_2 \rightarrow Li_{(1-x)}CoO_2 + xLi^+ + xe^-$

負極：$xLi^+ + xe^- + 6C \rightarrow Li_xC_6$

リチウムイオン電池はエネルギー密度が高いことが特徴であり，小型化・軽量化に適するため，電気自動車やノートパソコンなどに幅広く使われる他，電力システムへの適用も広がっている。

(3) 電気二重層キャパシタ

電気二重層キャパシタ（Electric double-layer capacitor，EDLC）は，通常のキャパシタにおいて，電気二重層と呼ばれる物理現象を電極表面に発生させ，そこに電解質イオンを大量に吸着させることで充電を行う。電気二重層の層間の電圧を高くとることができないため，二次電池に比べて貯蔵エネルギーが小さい。一方，二次電池のように化学反応を伴わず，電荷挙動だけで充放電を行うため，応答性が良いのが特徴である。

(4) フライホイール

フライホイールは，真空中に置かれた回転体を用いるもので，電気エネルギーを回転による機械エネルギーに変換してエネルギー貯蔵を行うものである。

(5) 超電導磁気エネルギー貯蔵装置

超電導磁気エネルギー貯蔵装置（Superconducting magnetic energy storage，SMES）とは，抵抗ゼロという性質を利用して，超電導コイルに電流を永久に流し続けることにより，コイル電流によって生じる磁気をエネルギーとして蓄えていくものである。**図2–47** にその動作を示す。現在，超電導を実現するためには極低温が必要であり，冷却に必要なエネルギーとのバランスを考えて設置する必要がある。

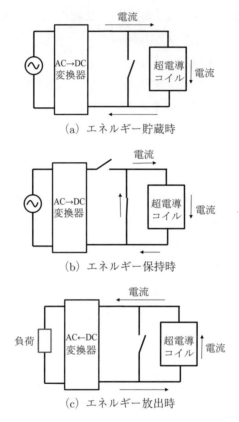

(a) エネルギー貯蔵時

(b) エネルギー保持時

(c) エネルギー放出時

図 2-47　超電導磁気エネルギー貯蔵装置（SMES）の動作

(6)　圧縮空気エネルギー貯蔵装置

　圧縮空気エネルギー貯蔵装置（**Compressed air energy storage, CAES**）は，コンプレッサーによって空気を圧縮し，高圧容器の中に閉じ込めておくことでエネルギーを貯蔵する。これを取り出すためには，圧縮空気が膨張しようとするエネルギーを電気エネルギーとして取り出す。また，空気を圧縮するときに発生する熱を蓄熱装置で蓄えておき，発電時に用いることで効率向上を図ることができる。

▶ 章末問題にチャレンジ！ ⇒ 2-19〜2-23

2.5　まとめ

　2章では，2.1で水力発電について，2.2で火力発電について，2.3で原子力発電について，2.4で新エネルギーについて学んだ。以下，学習した内容をまとめる。

○ 電力システムにおける水力発電の役割と主な特徴について学んだ
○ 水力学の基礎とこれを用いた発電電力計算の手順を学んだ
○ 水力発電の主要な設備構成と個々の役割を学んだ
○ 電力システムにおける火力発電の役割と主な特徴について学んだ
○ 熱力学の基礎と熱サイクルについて学んだ
○ 火力発電の主要な設備構成と個々の役割を学んだ
○ 火力発電における環境対策について学んだ
○ 原子力発電の発電原理を学んだ
○ 原子炉の構造とPWR，BWRについて学んだ
○ 核燃料サイクル技術について学んだ
○ 新エネルギーと再生可能エネルギーの違いと，それぞれに含まれるエネルギー源について学んだ
○ 主な再生可能エネルギー発電方式とその発電原理，特徴について学んだ
○ 出力安定に欠かせないエネルギー貯蔵について，その役割と主なエネルギー貯蔵方式について学んだ

章末問題

2–1　有効落差 50m の水路に，毎秒 40m^3 の水を流して発電を行った時，得られる電力を求めよ。ただし発電時の総合効率を85%とする。

2–2 有効落差 80m の水路がある。この水路を用いて 25,000 kW の水力発電を行いたい。必要な流量を求めよ。ただし発電時の総合効率を 85%とする。

2–3 有効落差 80m の調整池式水力発電所がある。河川の流量 12m³/s で一定，1 日のうち 16 時間は発電せずに全流量を貯水し，8 時間は貯水分と河川流量を全量用いて発電を行う。この時，発電電力の値はいくらか。ただし水車と発電機の総合効率を 90%とする。

2–4 空欄にあてはまる言葉を入れよ。

衝動水車とは，水の持つ（ a ）を回転エネルギーに，反動水車とは水の持つ（ b ）を回転エネルギーに変えるものである。衝動水車の代表的なものに（ c ）水車，反動水車の代表的なものに（ d ）などがある。

2–5 周波数 60Hz，有効落差 200m，出力 900kW のペルトン水車を用いて発電を行う。この水車の比速度の上限値を求めよ。またその値から，水車の回転速度と極数を求めよ。ただしペルトン水車の比速度の上限は $N_1 = \frac{4,300}{H+195} + 13$ m·kW で求められる。

2–6 サージタンクは，水圧鉄管よりも上流側に設けられる。その理由を答えよ。

2–7 上部調整池の標高が 1,000m，下部調整池の標高が 400m の揚水発電がある。損失水頭を 10m とする。流量 40m³/s で揚水を行うために必要な電動機入力はいくらか。ただし，電動機＋ポンプの総効率を 80%とする。

2–8 図は，汽力発電所の基本的な熱サイクルの過程を，体積 V と圧力 P の関係で示した P-V 線図である。

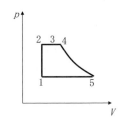

(1) この熱サイクルをなんと呼ぶか。

(2) $2 \to 3$，$3 \to 4$，$4 \to 5$，$5 \to 1$ の各過程を説明せよ。

2–9 空欄に適切な言葉を入れよ。

再生サイクルでは，蒸気タービンの熱を利用して，（ a ）を加熱する。再熱サイクルでは，タービンの中間において，（ b ）を再加熱する。

2–10 汽力発電ボイラ内の過熱器，再熱器，節炭器の役割を説明せよ。

2–11 定格負荷に対して，コンバインドサイクル発電の多軸型の効率が 40%，一軸型（2 台）の効率が 35% であったとする。定格の 50% の負荷に対して，多軸型の効率が 30%，一軸型の効率が 25% であったとする。この時，定格負荷時と 50% 負荷時の，多軸型と一軸形の熱効率を求めよ。

2–12 コンバインドサイクル発電において，コンバインドサイクルの熱効率が 48%，ガスタービン発電の排気熱量に対する蒸気タービンの熱効率が 20% であった。ガスタービン発電の熱効率はいくらか。

2–13 定格出力 250MW，定格出力時の発電熱効率が 40% の石炭火力発電所がある。石炭の発熱量は 27,000kJ/kg，石炭の化学成分は重量比で炭素：水素 = 7:3 とする。またこの発電所は 24 時間定格運転とする。

（1）1 日あたり必要な熱量を求めよ。

（2）定格出力で 1 日運転した時に消費する燃料重量を求めよ。

（3）1 日あたり燃焼に必要な空気を求めよ。空気中の酸素濃度は 20% とする。

（4）1 日あたりの二酸化炭素発生重量を求めよ。

2–14 ある火力発電所の定格出力運転時には発電熱効率 40%，燃料消費量 40 トン/h である。この発電所の定格発生電力はいくらか。ただし，燃料発熱量は 40,000kJ/kg である。

2–15 平行平板電極に電圧を印加し，そこに帯電した塵を通過させて集塵を行う装置を考える。塵はすべて同極性に帯電し，帯電は 1 価である。塵の重量はすべて 1μg である。印加する電界を 1MV/m，平板電極間を 2mm とした時，必要な流路長（平板電極の幅）を求めよ。ただし排気の流速を 20m/s とする。

2–16 空欄に適切な言葉を入れよ。

　　微粉炭火力発電所及び石油火力発電所の排煙処理システムでは，NO_x を取り除く（ 1 ），SO_x を取り除く（ 2 ），帯電により粉じんを除去する（ 3 ）が用いられる。空欄に適切な言葉を入れよ。

2–17 次の（ ）内に入る語句を答えなさい。

　　原子炉において，継続的に（ 1 ）エネルギーを取り出すためには，（ 2 ）反応を連続させる必要がある。すなわち，（ 2 ）反応で生成された中性子を新たな標的核と反応させる必要がある。

　　（ 2 ）反応がおこると，いくつかの生成核とともに複数の中性子が発生する。これらは高いエネルギーを有しており，（ 3 ）中性子と呼ばれる。（ 3 ）中性子のままでは核反応が起こりにくいため，減速材でエネルギーの小さい（ 4 ）中性子とすることで，次の核分裂反応を起こりやすくする。

　　（ 1 ）反応により生じた中性子のうち，平均して 1 個の中性子が次の標的核と反応して核分裂反応を起こす状態を（ 5 ）という

2–18 次の（ ）内に入る語句を答えなさい。

　　我が国で使用されている原子炉は，燃料として（ 1 ）ウランを用い，減速材や冷却材に（ 2 ）を使用している。また，熱エネルギーを取り出す原子炉の仕組みの違いから，（ 3 ）水型と（ 4 ）水型がある。

　　（ 3 ）水型は炉心内の水を再循環ポンプで再循環させながら（ 3 ）させて直接蒸気を取り出し，気水分離器などを経て，その蒸気で直接タービンを駆動させるタイプの原子炉である。

　　一方，（ 4 ）水型は加圧器で（ 4 ）して炉心で加熱された高温高圧水（一次系の水）を蒸気発生器で熱交換によって二次系の水を加熱して蒸気を発生させ，その蒸気でタービンを駆動させるタイプの原子炉である。出力制御は，（ 4 ）水型は制御棒の位置調整と（ 5 ）濃度調整を併用する。

2–19 次の（ ）内に入る語句を答えなさい。

　　太陽電池は，p 形半導体と n 形半導体で構成されており，その接合面に太陽光があたると，（ 1 ）と（ 2 ）が生成さ，内部電界によって（ 1 ）が n 形半導体側に，（ 2 ）が p 形半導体側に分離され，電極間に起電力が発生する。このとき外部に負荷を接続すると n 型半導体側から（ 1 ）が流れ，p 型半導体側から負荷に電流が流れる。

　　もっとも普及している太陽電池は，（ 3 ）であり，単結晶系と多結晶系

がある。pn 接合を用いた太陽電池の理論的な最大変換効率は約 30％程度
である。（3）の太陽電池は，長期安定性に優れ，結晶自体の経年劣化は
わずかであるが，太陽電池セルとして，電極部分やシーリング剤の劣化の
ため，20 年程度の寿命である。

　　（4）型の太陽光発電システムは，接続する電力系統が本システムに対
して十分大きな系統である場合，本システムは（5）動作点で運転するこ
とが可能である。

2–20　現在の風力発電の導入実績について，調べてみよう。

2–21　洋上に風力発電を建設する利点と欠点を答えよ。

2–22　平均出力 1MW の風力発電に必要なブレードの長さを求めよ。ただし，空
　　　気の密度を $1.2\mathrm{kg/m^3}$，平均風速を 6m，係数 $C_\mathrm{p} = 0.2$ とする。また，増
　　　速機などの回転数変換機構や発電機の効率は 100％と仮定する。

2–23　太陽光発電が，8 時から 12 時まで直線的に出力が増加し，12 時から 16
　　　時まで直線的に出力が減少する特性を有するものとする。最大発電電力が
　　　300kW である。この太陽光発電と蓄電池を併用して，定電力負荷（24 時
　　　間負荷変動がない）に電力を供給する場合，定電力負荷の消費電力と，必
　　　要な蓄電池の容量を求めよ。ただし蓄電池の充放電時に，損失や時間遅れ
　　　は発生しないものとする。

章 末 問 題 解 答

2–1　$P = 9.8 \times 40 \times 50 \times 0.85 = 16{,}660$ kW　・・・（答）

2–2　必要な流量を $Q\,[\mathrm{m^3/s}]$ とすると，$P = 9.8 \times Q \times 80 \times 0.85 = 25{,}000$ kW
　　　となるので，$Q = 37.52\ \mathrm{m^3/s}$・・・（答）

2–3　満水時の貯水量 $= 12 \times 3{,}600 \times 16 = 691{,}200\ \mathrm{m^3}$

　　　発電時の全使用水量 = 貯水量 + 河川流量の 8 時間分 = 691,200 +
　　　345,600 = 1,036,800 $\mathrm{m^3}$

発電時の流量（1秒当たりの水量）$= \frac{1,036,800}{8 \times 3,600} = 36 \text{ m}^3$

1秒当たり水から得られるエネルギー $= 9.8 \times 36 \times 80 = 28,224 \text{ kJ/s}$

このうち 90% が電力となるので，$28,224 \times 0.9 = 25,402 \text{ kW} \cdots$（答）

2-4　(a) 速度水頭　　　(b) 圧力水頭　　　(c) ペルトン　　　(d) フランシス

2-5　比速度の上限 $N_1 = \frac{4,300}{200+195} + 13 = 23.89 \text{ m·kW}$。$N_1 = N_2 \frac{P^{\frac{1}{2}}}{H^{\frac{5}{4}}}$ より，

$N_2 = N_1 \frac{H^{\frac{5}{4}}}{P^{\frac{1}{2}}} = 598.9 \text{ min}^{-1} \fallingdotseq 600 \text{ min}^{-1}$

同期発電機の回転数 $N = \frac{120f}{p} \text{ [min}^{-1}\text{]}$ より，$p = \frac{120f}{N} = 12$ 極 $\cdots$
（答）

2-6　サージタンクが水圧鉄管と水車の間にあると，水圧鉄管で得られた圧力水頭を，水車に入れる前にサージタンクが吸収してしまい，圧力水頭が水車に伝わらず，無駄になってしまうから。

2-7　全揚程は，$1,000 - 400 + 10 = 610 \text{ m}$

よって，$P_\text{m}\text{[kW]} = \frac{9.8 \times 40 \times 610}{0.8} = 298,900 \text{ kW} \cdots$（答）

2-8　(1) ランキンサイクル

(2) $1 \to 2$：ポンプにより給水をする断熱圧縮

$2 \to 3 \to 4$：蒸発器，過熱器により水蒸気を発生させる等圧受熱，等圧過熱

$4 \to 5$：蒸気タービンで回転力を産む断熱膨張

$5 \to 1$：復水器で水蒸気を冷却し水に戻す等圧凝縮

2-9　(a) 給水　　　(b) 水蒸気

2-10　過熱器は，湿り蒸気を乾燥蒸気にするためのもの

再熱器は，再熱サイクルにおいて，タービンの中間から水蒸気を取り出しこれを加熱するためのもの

節炭器は，排ガスの有する熱を水に与え，水を加温する装置である。

2-11　定格負荷時：多軸型 40%，一軸型 35%

50%負荷時：多軸型 30%，一軸型 1 台運転，1 台停止となり，35%

2-12　ガスタービンの効率を x% とする。100 の熱をガスタービンに加えたとす

ると，x の電力と（$100 - x$）の排熱が発生する。蒸気タービンからの発電は 0.2（$100 - x$）となるため，ガスタービン発電と蒸気タービン発電の和は $x + 0.2(100 - x)$ となり，これがコンバインドサイクルの熱効率 48% と等しくなるので，$x = 35\%$・・・（答）

2–13 （1）1 日あたりの発電電力量は，$250 \times 10^6 \times 24 \times 3,600 = 2.16 \times 10^{13}$ [J]。発電熱効率が 40% なので，$2.16 \times 10^{13} \div 0.4 = 5.4 \times 10^{13}$ [J] の熱量が必要。

（2）（1）より，1 日に必要な石炭の重量は，$5.4 \times 10^{13} \div (27,000 \times 10^3) = 2 \times 10^6$ kg

（3）（2）のうち，炭素の重量は 2×10^6kg $\times 0.7 = 1.4 \times 10^6$ kg。炭素の質量数は 12 なので，$1.4 \times 10^6 \times 10^3 \div 12 = 1.17 \times 10^8$ モルとなる。炭素の燃焼式は，$C + O_2 \rightarrow CO_2$ であるから，炭素 1 モルにつき酸素 1 モルが必要。よって，必要な酸素も 1.17×10^8 モルである。空気中の酸素濃度 20% より，炭素 1 モルにつき空気は 5 モル必要となる。よって，空気は $1.17 \times 10^8 \times 5 = 5.83 \times 10^8$ モル必要となるので，$5.83 \times 10^8 \times 0.0224m^3 = 1.31 \times 10^7$m^3

（4）（3）の燃焼式より，炭素 1 モルにつき二酸化炭素 1 モル発生。よって，1 日定格運転時の二酸化炭素発生量をモルで表すと，1.17×10^8 モル。よって，$1.17 \times 10^8 \times 0.0224m^3 = 2.61 \times 10^6$m^3

2–14 1 時間当たりの発生熱量は，1kg あたりの燃料発熱量と燃料消費量の積であり，$40,000 \times 40 \times 10^3 = 1.6 \times 10^9$ kJ。熱効率 40% なので，1 時間当たりの電力量は，$1.6 \times 10^9 \times 0.4 = 6.4 \times 10^8$ kJ。よって，定格出力は $6.4 \times 10^8 \div 3,600 = 1.78 \times 10^5$ kW

2–15 塵が集塵機を通過中に，電極間 0.002 m 移動すればよい。

塵の加速度は $a = \dfrac{eE}{m} = \dfrac{1.6 \times 10^{-19} \times 10^6}{10^{-9}} = 1.6 \times 10^{-4}$ m/s^2

流路長を L [m] とすると，流路を通過する時間は $\dfrac{L}{20}$ s

その間の電界方向への移動距離は，$\dfrac{at^2}{2} = \dfrac{1.6 \times 10^{-4}}{2} \left(\dfrac{L}{20}\right)^2$。これが 2mm

以上あればよいので，$L > \sqrt{\frac{0.002 \times 400 \times 2}{1.6 \times 10^{-4}}} = 100$ m ・・・（答）

2–16 （1）脱硝装置 （2）脱硫装置 （3）電気集塵機

2–17 （1）核反応，（2）核分裂，（3）高速，（5）熱，（5）臨界，

2–18 （1）低濃縮，（2）軽水，（3）沸騰，（4）加圧，（5）ホウ素

2–19 （1）電子，（2）正孔，（3）結晶系シリコン，（4）系統連系，（5）最大出力

2–20 2017 年度時点で，350 万 kW，2,253 基 [18]

2–21 利点は，風が地形の影響を受けにくいことや，周囲に人が住んでおらず騒音被害がない，などである。欠点は陸上に比べて建設費が高くコストがかかることである。

2–22 $P = \frac{1}{2} C_p \rho A v^3$ で，ブレードの長さは風車の回転半径 r に該当する。$A = \pi r^2$ となるので，$P = \frac{1}{2} C_p \rho \pi r^2 v^3$ より，$r = \sqrt{\frac{2P}{C_p \rho \pi v^3}} = 124$ m

2–23 太陽光発電の発電電力量は，$\frac{1}{2} \times 300 \times 8 = 1,200$ kWh。負荷の消費電力を P とすると，$P \times 24 = 1,200$ より，$P = 50$ kW。また，50kW を上回る時間帯は太陽光発電の充電を行うので，この時充電される電力量が蓄電池の容量である。すなわち，$\frac{1}{2} \times 250 \times 8 \times 250 \div 300 = 833$ kWh

引用・参考文献

1) 財満英一編著：電気学会大学講座 発変電工学総論，電気学会，p.72，2007.
2) 北海道電力 Web ページ「京極発電所」
   http://www.hepco.co.jp/energy/water_power/kyogoku_ps.html
3) 第 1 章の参考文献 [2, 7]
4) 中垣喜彦：世界と我が国の石炭利用，OHM，pp.17-20，2013 年 3 月号.
5) 中野浩二：CCS 技術の実用化に向けた我が国の取り組み，OHM，pp.5-7，2014 年 5 月号.
6) 原康夫：第 3 版物理学基礎，学術図書出版社，pp.136，2005 年.
7) 電気事業連合会 原子力・エネルギー図面集（2018）
   http://www.fepc.or.jp/library/pamphlet/pdf/all.pdf
8) 電気学会：電気工学ハンドブック第 7 版，2013 年，オーム社.
9) 電気事業連合会使用済み燃料貯蔵対策の取り組み（2018）
   http://www.fepc.or.jp/library/pamphlet/pdf/18_chozo_taisaku_torikumi.pdf

10) 日本原燃 WEB ページ「再処理工場の全体工程」
    https://www.jnfl.co.jp/ja/business/about/cycle/summary/process.html
11) 資源エネルギー庁 WEB ページ「平成 18 年度エネルギーに関する年次報告（エ
    ネルギー白書 2007）第 1 章原油高に対する我が国の耐性強化とエネルギー政策，
    第 2 節エネルギー需要構造の強靭化への取り組み」
12) 財満 英一編著：「電気学会大学講座 発変電工学総論」， p.238，2007 年.
13) 国立研究開発法人産業技術総合研究所 WEB ページ「太陽光発電研究センター
    CIGS 系太陽電池」
    https://unit.aist.go.jp/rcpv/ci/about_pv/types/CIGS.html
14) 浜川圭弘，桑野幸徳：太陽エネルギー工学，培風館，1994
15) NEDO 再生可能エネルギー技術白書第 2 版 pdf 版，第 3 章風力発電（2014）
    http://www.nedo.go.jp/content/100544818.pdf
16) 本間琢也，今井伸治，芋生憲司：これ一冊でわかるバイオマス，OHM2010 年 5
    月号付録 Vol.97，No.5
17) 高橋一弘：エネルギーシステム工学概論，p.153（表 7.1），電気学会
18) NEDO ホームページ 日本における風力発電設備・導入実績（2018 公開）
    http://www.nedo.go.jp/library/fuuryoku/state/1-01.html，2018.11.10 引用

3章　送配電と変電

　2章では，「発電」について学んだ。本章では，発電所から電気エネルギーを需要家まで届けるまでの「送電」「配電」「変電」について学ぶ。

　送電，配電，変電は，それぞれの役割を持ちながらも，電力の安定供給のため，互いに協調して運用されている。そのための制御技術や，外乱（雷など）の影響を抑えるための保護技術が多数導入されている。これらの技術について学ぶ。なお，送電，配電，変電を理解するためには，それぞれに使用される設備（ハードウェア）の知識，送電や配電のネットワークの特性を知るための電気回路的な考え方，そして送電，配電，変電を，互いに連携させて用いるシステム的な考え方など，多面的な視点と知識が必要とされる。

　本章でははじめに，3.1で送電，配電，変電の基本的な役割を学んだあと，用いられる設備形態や個々の設備について学ぶ。次に，3.2で送電に関する，3.3で配電に関する運用を行うための電気回路的な扱いや特性計算について，具体的な計算例を交えながら学んでいく。最後に，3.4で変電に求められる各種役割と，それを実現するための設備について知識を得たのち，送電，配電，変電の協調・連携をとるためのシステム的な考え方の一端を学ぶ。

3.1　送配電・変電の概要

3.1.1　送電，配電，変電の役割
　電力システム全体については，既に述べた通りであるが，ここでは送電（**Power transmission**），配電（**Power distribution**），変電（**Power substation**）に話を絞ったうえで，もう少し詳しくみてみよう。

　図 3–1 を例にとり説明する。図は集中電源の場合である。火力や原子力によ

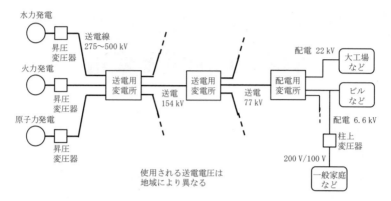

図 3-1　電力システムにおける電力の流れ概要（図 1-7 再掲）

る大規模発電所で生じた電力は，変圧器によって昇圧し，一気に長距離大容量送電される。超高圧変電所や一次変電所と呼ばれる変電所で，電圧を降圧し，需要地近くまで送電される。さらに電圧を降圧し，配電用変電所で配電電圧に降圧されて，最終的に需要家に電力が届けられる。

　このように，送電線は発電所に近い所から離れるにつれて，「高電圧・大容量・低密度」ネットワークから「低電圧・小容量・高密度ネットワーク」へと移行し，最終的に需要家に届けられることがわかる。[1]

　配電線は，需要地に直結した電力ネットワークである。高密度なネットワークを構成しているため，求められる信頼度に応じて，さまざまなレベルの制御技術や保護技術を導入して，全体として合理性を図りつつ電力系統の高信頼化を実現している。

　変電所では，電力システムにおいて何段階かの電圧が使われることから，電圧を変換（昇降圧）する。また変電所は，多数の送電線の結合部に置かれるため，送電線の電圧や周波数および電力の流れを制御するとともに，雷などの外乱が生じたときに電力系統を保護するための装置が置かれ，送電ネットワーク

---

[1] これは，道路にも，高速道路や国道といった「幅広・大容量・低密度」ネットワークと，市道のような「幅狭・小容量・高密度」ネットワークがあり，役割分担をしているのと似ているといえよう

の状態を良好なものに維持している。

このように，送電，配電，変電は，発電所で発生した電力を需要地へ効率よ
く届けるために一体的に運用される。[*2]

以上が送電，配電，変電の主要な役割であるが，ここで述べた送変電，配電
における電力の流れは，従来の集中電源において顕著にみられるものとなって
いる。一方今後は，分散電源の導入拡大に伴い，従来の技術に加えて分散電源
に対応した技術が必要になってくる。特に，小規模な太陽光発電や風力発電等
は，配電システムに接続されることが多いため，配電システムにおいては従来
に比べて電力の流れの方向性は一段と複雑になることが想定されている。この
ように分散電源の大量導入に伴い，電力の複雑な流れに対応するための制御技
術が必要になる。これについては4章で詳しく学ぶ。[*3]

3.1.2 架空送電と地中送電

(1) 架空送電・地中送電の特徴

送配電設備は，大きく分けると**架空送配電**（Overhead power transmission
and distribution）と**地中送配電**（Underground power transmission
and distribution）に分けられる。架空送配電は，送電鉄塔や電柱などで支
持された電線を空中に張ることによって送電を行うものであり，電線には裸
（**Bare**）電線や被覆（**Covered**）電線が使用される。地中送電は，その名の通
り地中に電線を配して送電を行うものであり，電線には**電力ケーブル**（**Electric
power transmission cable**）が使用される。架空送電と地中送電の代表的
なものを図**3–2**に示す。

[*2] 物流に例えれば，工場で生産したものを大型トラックで大量輸送する役割が「送電」，小型
トラックできめ細かく送り届ける役割が「配電」，大型トラックから小型トラックへの積み
替えや物流のコントロールをする集配センターのような役割が「変電」といったところだ
ろうか

[*3] 物流で例えれば，分散電源は，街中に小規模な工場をたくさん建て，そこで生産したもの
を地元で使用し，余った分があれば他地域へ運び活用してもらおう，といった考え方に相
当する。これは電力システムでいえば，配電から送電への電気の流れに相当し，集中電源
ではみられなかった電気の流れとなる

（a）架空送電線　　　　　　　　　　　（b）地中送電線

（提供：関西電力株式会社）　　　　　　　　（提供：東京電力ホールディングス株式会社）

図 3-2　架空送電線と地中送電線

　架空送電と地中送電の特徴は**表 3-1** のようにまとめられる。架空送電は従来から用いられてきた一般的な送電形式であるが，送電線が自然にさらされるため，雷や野生の動植物などの外乱の影響を受けやすい。地中送電形式は，このような外乱の影響を受けることがきわめて少なく，また景観保護の面からも優れた形式であるが，建設費が高い他，障害が生じたときに復旧に時間がかかるなどの難点がある。そのため，人口密集地や高い信頼性が求められる送配電系統に使用される。

表 3-1　架空送電と地中送電の相対比較

項目	架空送電	地中送電
建設費	安い	高い
用いる送電線	裸電線，被覆電線	電力ケーブル
自然からの外乱	受けやすい	受けにくい
信頼度	低い	高い
復旧に必要な期間	短期間	長期間
周囲景観との調和	容易でない	容易

(2) 架空送電・地中送電の主な設備構成

架空送電線の主要構成部として，**図 3-3** に示すように，鉄塔，電線，架空地線，がいしなどがある。それぞれについて以下に示す。

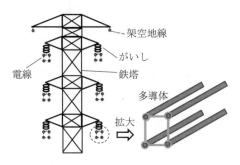

図 3-3 架空送電線の構成

(a) 鉄塔

日本では送電信頼性を高めるため，通常鉄塔の左右両側に三相送電線を 1 回線ずつ配した，三相 2 回線送電線が広く採用されている。図 3-3 も三相 2 回線送電線の例である。鉄塔は通常接地線を介して接地されるが，鉄塔とアースの間には数 Ω から数 10Ω 程度の抵抗（接地抵抗）が残る。特に鉄塔や後述する架空地線への雷撃時には，鉄塔からアースに大電流が流れるため，接地抵抗の残存がわずかであっても，鉄塔に高電圧が発生し，鉄塔から送電線に向かって放電が生じる（逆フラッシオーバ）。このような現象を抑えるため，数 10m の長さの導線を鉄塔から放射状に伸ばして接地させた**埋設地線**などを使用し，できるだけ接地抵抗を低減する。

(b) 電線

電線は，高電圧を印加し大電流を流す，送電設備の主要部分である。電力線とも呼ばれる。電線に必要な条件として，導電率が高いこと，熱に強いこ

と，耐久性があること，機械強度が強いこと，軽量であること，安価であることなどが挙げられる。このような条件を満たす材料として，電線の通電部にはアルミニウムがもっともよく用いられる。電線の種類として，**硬銅より線**，**鋼心アルミより線（ACSR）**，**鋼心耐熱アルミ合金より線（TACSR）**などがある。また送電線は，電気抵抗により熱損失が発生するため，流せる電流の限度を定めている。これを**許容電流**と呼ぶ。許容電流は，TACSR，ACSR，硬銅より線の順に大きい。また，電線には，耐えるべき風圧荷重が定められている（電気設備技術基準の解釈58条）が，一般的には風速 40m/s に対する荷重に対して耐えなければならないとしている。

なお，送電線は三相なので，通常は1回線につき3本の電線が使用されるが，1相につき2〜8本程度の複数の電線を並列にして用いる場合がある。これを**多導体**（または複導体）と呼ぶ。多導体を用いる利点として，送電線リアクタンスの低減による送電安定度の向上，電線の冷却効果の向上，コロナ障害の抑制などが挙げられる。

送電線は，直線的に張られるわけではなく，たるみが存在する。たるみの度合いのことを弛度という。電線のたるみの形状はカテナリ曲線と呼ばれる式で表すことができるが，電線のたるみを D とすると，電線の両端支持点の高さが同じ場合，以下の式が成り立つ。

$$D = \frac{W_\mathrm{e}S^2}{8T}$$

ここで，W_c：単位長あたりの電線重量，S：電線の両端支持点間の水平方向長，T：電線の水平張力である。また電線をたるませることにより，電線を直線的に張った場合に比べて長くする必要がある。たるみを考慮した電線の実長 L は次式で与えられる。

$$L = S + \frac{8D^2}{3S}$$

(c) 架空地線

架空送電線において，電線は自然にさらされており，気象の影響を受ける。特

に，電力システムにおいて，雷は最大の脅威であり，電線に直接落雷が生じると甚大な被害につながる。このことから，電線の上方に**架空地線（Grounding wire）**を張ることで，雷を架空地線に誘導し，電線への直撃を防ぐことができる。架空地線は，送電線への雷の直撃を防ぐ効果（遮へい効果）を考慮しつつ設置される。

(d) がいし

がいし（**Insulator**）は，電線と鉄塔をつなぎ電線を支持するために使用される。がいし両端には過電圧を含めた高電圧が加わるため，機械的強度と電気絶縁強度の両者が必要となる。このため，がいしは，磁器を主材料としてつくられた**磁器がいし（Ceramic insulator）**や，シリコーンゴムを主材料とした**ポリマーがいし（Polymeric insulator）**が多く使用されている。

仮に過電圧により，がいし両端間で放電が発生した場合，がいし表面に沿って放電が生じると，がいしの損傷につながる。このため，がいしの外側にアークホーンを取り付け，放電はアークホーン間で生じるようにし，がいし表面を保護している。また，送電用避雷器をがいしに並列に取り付け，過電圧を抑制することが行われている[1]。

一方，がいし表面が汚損すると，絶縁強度の低下につながる。特に海岸近くでは，塩霧による汚損が問題になる。このため，がいしは定期的な洗浄が必要になる他，汚損が問題になる地域では，がいし個数を増やしたり，汚損に強いタイプのがいし（導電釉がいし）を使用する。

(e) 電力ケーブル

地中送電線では，電力ケーブルが使用される。電力ケーブルは，架橋ポリエチレン（**XLPE**）を主絶縁材料とした **CV ケーブル**と，絶縁紙を油に浸して電気絶縁に用いる **OF ケーブル**に大別できる。OF ケーブルは，冷却性能に優れているが，油を用いることから防災上不利である。一方，CV ケーブルは保守の容易さや，軽量，低損失など，利点が多く，現在多く使用されている。

3.1.3 変電設備形態（屋外，屋内，地下）（気中，ガスなど）

変電設備についても，その設備形態について大きく分けると，屋外変電所（**Outdoor substation**），屋内変電所（**Indoor substation**），地下変電所（**Underground substation**）などがある。一般的には屋外変電所が用いられるが，屋内変電所や地下変電所は，外乱の影響を受けにくい。また地下変電所は，土地の有効利用が可能であるといった利点があるため，需要の密集した大都市部に多く導入されている。また屋外変電所では，電気絶縁に空気を用いる**気中絶縁（Air insulation）**が主に用いられるが，屋内変電所や地下変電所では敷地面積が限定されるため，空気よりも絶縁性能が高い SF_6 ガスを用いた**ガス絶縁（Gaseous insulation）**を採用する。最近では屋外変電所においても，限られた用地に変電所をコンパクトに設置するため，ガス絶縁変電所も増えてきている。また 77kV 以下の変電所では，主に保守の容易性から，開閉器に真空遮断器を用い，絶縁に気体と固体絶縁物を利用した，固体絶縁スイッチギア（C-GIS）を用いたものも増えてきた。これによって，変電機器のコンパクト化とメンテナンス費用の低減が可能になっている。**表 3–2** に，各種絶縁構成の特徴を示す。なお，変電所の設備構成については，3.4 にて詳細に学んでいく。

表 3–2 絶縁構成による相対比較

	気中	ガス	C-GIS
面積	大きい	小さい	小さい
価格	安い	高い	高い
外乱の影響	受けやすい	受けにくい	受けにくい
メンテナンス	容易でない	容易	容易
適用電圧	500kV まで	500kV まで	77kV まで
設備形態	屋外	屋外，屋内，地下	屋内，地下

▶▶ 章末問題にチャレンジ！ ⇒ 3-1～3-4

3.2 送電システム

3.2.1 電力システムの構成と経済運用

(1) 電圧の区分と送配電電圧

　電力システムにおいては，さまざまな階級の電圧が存在する。一般に電圧の大きさにより，その取り扱い上の危険性が異なることから，1章で述べたように低圧，高圧，および特別高圧のように電圧を定義して保安や運用を規制している。

　我が国で用いられる送配電電圧は標準電圧を用いている。このことは送配電線路を構成する機器の電圧を規格化して，大量生産化・低価格化を狙ったものである。我が国で用いられている標準電圧は，**公称電圧（Nominal voltage）**として**表 3–3** のように定められている。

表 3–3　我が国の公称電圧の一欄 [2)]

公称電圧 [V]	備考	公称電圧 [V]	備考
3,300		110,000	
6,600		154,000	一地域においては，いずれ
11,000		187,000	かの電圧のみを採用する
22,000		220,000	一地域においては，いずれ
33,000		275,000	かの電圧のみを採用する
66,000	一地域においては，いずれ	500,000	
77,000	かの電圧のみを採用する	1,000,000	

(2) 電力システムの構成

　これまで述べてきたように，電力の発生（発電）から送配電および消費までを一連のシステムとしてとらえ，低廉で良質な電気の安定供給を実現している。これらの構成要素は，前節で説明したように多くの構成要素から構成される。電気事業者はこうした巨大な電力システムを効率的に運用，監視，および制御す

るための階層的給電指令システムを有している。**図 3-4** に示す運用システムの一例では，中央給電指令所において日々の電力需要の予測，ならびに原子力発電所などの大規模発電機の起動停止計画の策定および指令をするとともに，下位の指令所や給電システムとの連絡調整・統括を行う。地方給電システムでは担当エリアの発電所・開閉所を自動制御している。現在では，センサ付開閉器の設置も多くなり，より柔軟に効率的な運用が可能となっている。ICT 技術を用いた将来の電力システムについては 4.2 でその将来展望を述べる。なお，電力システムの詳細な運用・制御については良書が多く出版されているので，詳細は参考文献（たとえば，3)~5)) を参照されたい。

　なお，2016 年 4 月には電気事業法が大きく改正され，電力小売が全面自由化された。今後，電力システムの運用・制御方法も大きく変わることが予想される。**図 3-4** は現状の運用・制御の一例であり，電力システム改革の概要は 4.1 に記述する。

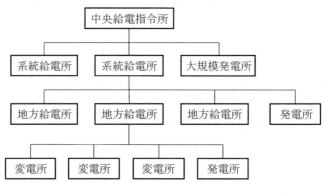

図 3-4　電力システムの運用・制御系統の一例[4]

(3)　安定した電力供給・電力の品質

　一般に，良質な電気の定義は以下の通りである。

・電圧が一定：電気事業法第 26 条に基づき，電気事業法施行規則第 38 条にお

いて，101V± 6V，202V± 20V の範囲に維持するように努め
なければならないことが定められている。
・周波数が一定：電気事業法第 26 条に基づき，電気事業法施行規則第 38 条にお
　　　　　　　いて，一般送配電事業者等が供給する電気の標準周波数（50Hz
　　　　　　　or 60Hz）に等しい値に維持するように努めなければならない
　　　　　　　ことが定められている。現在，我が国では 0.1〜0.3Hz 以内に周
　　　　　　　波数偏差を納めることを目標として周波数が調整されている。
・停電が少ない：明確な停電頻度についての数値目標・規制値は存在せず，電
　　　　　　　気事業者はできる限り停電しないように，かつ低廉な価格で電
　　　　　　　力を供給できるように努力している。
　電力の品質については世界で統一された一義的な定義は存在しないものの，
一般には，電圧の維持，周波数の維持に加えて，瞬時電圧低下，フリッカ，高調
波，ならびに三相不平衡を含める場合が多い。電力システムはこうした良質な
電気を安定的に供給すべくさまざまなシステムが計画・運用・制御されている。

(4)　電力システムの経済的運用

　一般に電気を低廉な価格で供給するため，電力システムでは種々の効率的な
計画・運用・制御がなされている。上記の電圧を一定に保つためには，3.2.3 で
後述する「調相」により電圧を制御している。一方，周波数を一定に保つため
には，電力システムの電力需要と供給のアンバランスが周波数に現れることか
ら，電力システムの周波数制御は電力システムの需要と供給のバランスを保つ
ことに等しい。電力システムの需給バランスが大きく崩れて系統の周波数が乱
れると，同期運転している発電機の系統からの解列に繋がり，最終的には供給
エリアでの全停電（ブラックアウト）を招きかねない。電力システムの需給バ
ランスの制御方法には，負荷変動の周期とその大きさによってさまざまな方策
があるが，それらは参考文献に上げた良書に譲るとして，本書ではその中で発
電機の経済負荷配分のみを取り上げる。
　まず，火力発電所の発電機は，一般に図 3–5 に示すように，非線形な燃料

費特性（単位時間あたりに，ある出力の電力を発生させるために必要な燃料費
[円/h]）を持っており，発電機ごとにその特性は異なる。なお，経験的にこの
特性は出力の 2 次〜4 次程度の関数として近似できることが知られている。ま
た，同図には燃料消費率（すなわち，単位時間あたりに，単位出力を発生させ
るために必要な燃料の消費量を価格に換算したもの [円/kW・h]）の特性も示し
ており，一般に定格出力付近で最小となる関数である。

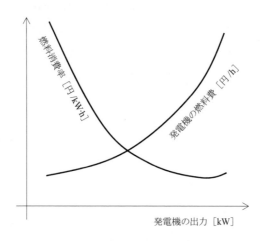

図 3–5　火力発電機の燃料費特性

　こうしたことから，特定の電力需要を複数の発電所で分担する場合，それぞれ
の発電機の出力により電力システム系統全体の発電コストが異なることがわか
る。一般に，もっとも少ない発電コストですべての電力需要に電力を供給でき
るように各発電機の出力（各発電機の負荷の配分）を決定することを発電機の
**経済負荷配分（Economic load dispatching，ELD，もしくは Economic
load dispatching control，EDC）** と呼んでいる。
　一般に電力システムは複数種類の多くの電源を有しているが，ここでは単純
化して火力発電所のみを有している電力系統を考える。なお，火力発電所の出
力に上限値もしくは下限値の制約がある場合，ならびに原子力発電や水力発電，

再生可能エネルギー発電が複合された電力システムにおいては，経済負荷配分の決定手法が複雑となるため本書では割愛する。

今，**図 3–6** に示すように，n 機の火力発電所のみから構成される電力システムを考える。各発電機の発電出力，およびその燃料費関数を P_1, P_2, $\cdots$, P_n, および $F_1(P_1)$, $F_2(P_2)$, $\cdots$, $F_n(P_n)$, ならびに電力システム全体の電力需要を P_L としたとき，この経済負荷配分問題は次のような最適化問題として定式化される。ただし，本書では電力システムの発電コストを各発電機の燃料費のみで表現できる簡単なモデルと考える。

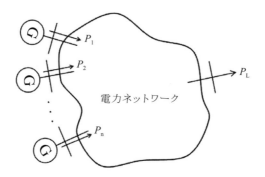

図 3–6　考える電力システムの構成

[目的関数] $\cdots$ 電力システム全体の発電コストの最小化

$$\text{Min. } F\left(P_1,\ P_2,\ \cdots,\ P_n\right)$$

$$= \sum_{i=1}^{n} F_i\left(P_i\right) = F_1\left(P_1\right) + F_2\left(P_2\right) + \cdots + F_n\left(P_n\right) \tag{3.1}$$

[制約条件] $\cdots$ 電力系統の需要と供給のバランス

$$P_L = \sum_{i=1}^{n} P_i = P_1 + P_2 + \cdots + P_n \tag{3.2}$$

もちろん，このようにして決定された各発電機の出力は，ある特定の時間にいて考えたものであるが，一般にある時刻の運転状態が次の運転状態における発

電コストに影響を与えない場合，たとえば，発電所の起動や停止が含まれない場合には，時間帯ごとに経済負荷配分は独立した問題として扱うことができる。

　上記のように定式化された問題は，システム工学の最適化手法の分野では，制約条件付きの非線形計画問題と呼ばれ，ラグランジュの未定乗数法で解くことができる。すなわち，原問題のラグランジュ関数を

$$L\left(P_1,\ P_2,\ \cdots,\ P_\mathrm{n},\lambda\right)=\sum_{i=1}^{n}F_\mathrm{i}\left(P_\mathrm{i}\right)+\lambda\left(P_\mathrm{L}-\sum_{i=1}^{n}P_\mathrm{i}\right)\qquad(3.3)$$

としたとき，

$$\frac{\partial L}{\partial P_1}=\frac{\partial L}{\partial P_2}=\cdots=\frac{\partial L}{\partial P_\mathrm{n}}=\frac{\partial L}{\partial\lambda}=0\qquad(3.4)$$

を満足する解が最適解となる。上式にラグランジュ関数を代入すれば，

$$\begin{cases}\dfrac{\partial L}{\partial P_1}=\dfrac{dF_1}{dP_1}-\lambda=0\\[2mm]\dfrac{\partial L}{\partial P_2}=\dfrac{dF_2}{dP_2}-\lambda=0\\[1mm]\qquad\vdots\\[1mm]\dfrac{\partial L}{\partial P_\mathrm{n}}=\dfrac{dF_\mathrm{n}}{dP_\mathrm{n}}-\lambda=0\\[2mm]\dfrac{\partial L}{\partial\lambda}=P_\mathrm{L}-\sum_{i=1}^{n}P_\mathrm{i}=0\end{cases}$$

の連立方程式が得られ，最経済な各発電機の出力は，電力システムの需要と供給のバランスを維持しながら，

$$\frac{dF_1}{dP_1}=\frac{dF_2}{dP_2}=\cdots=\frac{dF_\mathrm{n}}{dP_\mathrm{n}}=\lambda\qquad(3.5)$$

を満足する解となる。すなわち，各発電機の増分燃料費 $\frac{dF_i}{dP_i}$，すなわち，現在の発電機の出力を微小量だけ増加させたときの燃料費の増分が等しいときに，最経済な出力分担になることがわかる。これを等増分燃料費の原則，もしくは，増分燃料費を示す変数 λ を用いて，単純に，等 λ 則と呼んでいる。

今，各発電機の燃料費関数が，出力の二次関数で近似できる場合を考える。すなわち，

$$F_i(P_i) = a_i P_i^2 + b_i P_i + c_i \quad i = 1, 2, \cdots, n \tag{3.6}$$

であるとき，等増分燃料費則による最経済な出力配分は，

$$\begin{cases} \dfrac{\partial L}{\partial P_1} = 2a_1 P_1 + b_1 - \lambda = 0 \\[2mm] \dfrac{\partial L}{\partial P_2} = 2a_2 P_2 + b_2 - \lambda = 0 \\[2mm] \qquad\qquad \vdots \\[2mm] \dfrac{\partial L}{\partial P_n} = 2a_n P_n + b_n - \lambda = 0 \\[2mm] \qquad P_L = \displaystyle\sum_{i=1}^{n} P_i \end{cases}$$

の線形連立方程式を解くことによって求めることができ，その解は，

$$P_i = \frac{\lambda - b_i}{2a_i} \quad i = 1, 2, \cdots, n \tag{3.7}$$

であり，増分燃料費 λ は

$$\lambda = \frac{P_L + \displaystyle\sum_{i=1}^{n} \frac{b_i}{2a_i}}{\displaystyle\sum_{i=1}^{n} \frac{1}{2a_i}} \tag{3.8}$$

となる。

なお，電力システムに関するシステム工学的アプローチについての詳細は本書では紙面の都合上，割愛するので，たとえば参考文献（3, 4, 6, 7）을参照されたい。

例題；*Let's active learning!*

3.1　(8) 式を導きなさい。

3.2　3 台の発電機が経済負荷配分にしたがって電力を供給している。電力系統

の電力需要は 500MW，各発電機の燃料費特性が次式で表されるとき，各発電機の出力と，そのときの増分燃料費を求めなさい。ただし，燃料費特性の出力の単位は MW である。

$$F_1 = 4P_1^2 + 700P_1 + 6{,}000 \text{円/h}$$
$$F_2 = 4P_2^2 + 500P_2 + 3{,}000 \text{円/h}$$
$$F_3 = 10P_3^2 + 200P_3 + 1{,}000 \text{円/h}$$

例 題 解 答

3.1　(5) 式に (6) 式を代入すると，

$$\frac{dF_i}{dP_i} = 2a_i P_i + b_i = \lambda$$

となり，これを P_i について解けば，

$$P_i = \frac{\lambda - b_i}{2a_i} \tag{3.7}$$

これを (2) 式に代入すると，

$$P_L = \sum_{i=1}^{n} P_i = \sum_{i=1}^{n} \frac{\lambda - b_i}{2a_i} = \lambda \sum_{i=1}^{n} \frac{1}{2a_i} - \sum_{i=1}^{n} \frac{b_i}{2a_i}$$

となる。これを λ について整理すると，

$$\lambda \sum_{i=1}^{n} \frac{1}{2a_i} = P_L + \sum_{i=1}^{n} \frac{b_i}{2a_i}$$

$$\lambda = \frac{P_L + \sum_{i=1}^{n} \frac{b_i}{2a_i}}{\sum_{i=1}^{n} \frac{1}{2a_i}}$$

となり，(8) 式が導かれた。

3.2　(8) 式に数値を代入すると，

$$\lambda = \frac{P_{\mathrm{L}} + \sum\limits_{i=1}^{n} \frac{b_{\mathrm{i}}}{2a_{\mathrm{i}}}}{\sum\limits_{i=1}^{n} \frac{1}{2a_{\mathrm{i}}}} = \frac{500 + \left(\frac{700}{2\times4} + \frac{500}{2\times4} + \frac{200}{2\times10} \right)}{\frac{1}{2\times4} + \frac{1}{2\times4} + \frac{1}{2\times10}}$$

$$= 2{,}200\,\text{円/MWh}$$

$$P_1 = \frac{\lambda - b_1}{2a_1} = \frac{2{,}200 - 700}{2\times4} = 187.5\,\text{MW}$$

$$P_2 = \frac{\lambda - b_2}{2a_2} = \frac{2{,}200 - 500}{2\times4} = 212.5\,\text{MW}$$

$$P_3 = \frac{\lambda - b_3}{2a_3} = \frac{2{,}200 - 200}{2\times10} = 100\,\text{MW}$$

確認：すべての発電機の出力を合計すれば，

$$P_1 + P_2 + P_3 = 187.5 + 212.5 + 100 = 500\,\text{MW}$$

となり，全電力需要と一致する。

3.2.2 送電線の線路定数と等価回路

(1) 送電線の線路定数

3.1 で説明したように，発電所で発生された電力は送配電線路を通して消費地まで届けられる。一般に送配電線路は巨大な電気回路として模擬することができる。送配電線路の線路定数は，送配電線の持つ電気抵抗，インダクタンス，キャパシタンス，およびコンダクタンスであり，それぞれ次のように計算できる。

断面積 $S\,[\text{m}^2]$，送電線の実長 $l\,[\text{m}]$，抵抗率 $\rho\,[\Omega/\text{m}]$ の電線の抵抗 $R\,[\Omega]$ は，

$$R = \rho \frac{l}{S}\,[\Omega]$$

で表される。抵抗率は電線に用いる金属が持つ固有の定数であり，温度依存性を持つことに注意して欲しい。なお，電気磁気学では電線内の電流密度が一様ではなく，中心部から遠ざかるほどに電流密度が密となる「**表皮効果（Skin effect）**」を学んだ。この表皮効果は周波数が高いほど，また断面積が大きいほど大きくなるが，我が国の商用周波数 50Hz，60Hz 程度では表皮効果の影響

はきわめて小さいため，通常無視できる。

　電線1条の単位長さあたりのインダクタンス L は，電気磁気学が教えるところにより，次式で求めることができる。

$$L = 0.05 + 0.4605 \log_{10}\left(\frac{D}{r}\right) \ [\mathrm{mH/km}]$$

ここで，r は電線半径 [m]，D は電線間の幾何学的平均距離 [m] である。通常，送電線は三相3線式が用いられるため，その配置によりインダクタンスが異なる。そこで図 **3–7** のように「ねん架」を施すことにより，考える線路長において各電線のインダクタンスを等しいとみなすことができる。a 相，b 相，および c 相の電線間距離をそれぞれ D_{ab}，D_{bc}，および D_{ca} としたとき，幾何学的平均距離は，

$$D = \sqrt[3]{D_{\mathrm{ab}}D_{\mathrm{bc}}D_{\mathrm{ca}}}$$

で求めることができる。

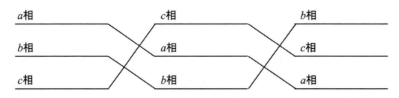

図 3–7　送電線のねん架

　三相平衡回路は，等価的に単相2線回路と考えることができるため，電気磁気学では，電線半径 r [m]，電線間隔 D [m] の電線間のキャパシタンス C は，

$$C = \frac{0.02413}{2\log_{10}\left(\frac{D}{r}\right)} \ [\mu\mathrm{F/km}]$$

と表すことができる。三相3線式の送電線路の場合，電線間の静電容量 C_{S} と3つの対地静電容量 C_{m} が存在するため，中性点とひとつの電線間の静電容量（これを作用静電容量という）は，

$$C = C_{\mathrm{S}} + 3C_{\mathrm{m}}$$

で表される。キャパシタンスもそれらの相対的な位置によって異なるが，適度に「ねん架」することで各線のキャパシタンスの三相平衡を保っている。

最後に，がいし表面に漏れ電流が流れているような場合には，電線と大地との間に漏れコンダクタンスを考える必要がある。

(2) 送電線の等価回路

送電線の等価回路は，実際の現象を電気回路として模擬するものであり，上記の線路定数を組み合わせて電気回路を構成するが，実際にはその想定する送電線の長さによって考えるべき等価回路は異なる。なお，以下，送電線は三相平衡状態であるものとし，等価回路は Y 結線の一相分のみを考える。したがって，送電端および受電端電圧は，送電線路の線間電圧の $1/\sqrt{3}$ であり，負荷は全体負荷の $1/3$ となることに注意しよう。

(a) 短距離送電線路

送電線路の全長が数 km 程度の短距離である場合，キャパシタンス成分は無視できるほど小さい。すなわち，短距離送電線路の等価回路は，**図 3–8** のように抵抗 $rl\,[\Omega]$ とインダクタンス $Ll\,[\mathrm{H}]$ が直列に接続された回路となる。

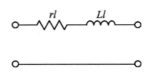

図 3–8 短距離送電線の等価回路

この等価回路を電気回路で学んだ四端子回路として扱うと，短距離送電線の四端子定数は，

$$\begin{bmatrix} \dot{A} & \dot{B} \\ \dot{C} & \dot{D} \end{bmatrix} = \begin{bmatrix} 1 & \dot{Z} \\ 0 & 1 \end{bmatrix}$$

となる。ただし，

　r：電線 1 条の単位長さあたりの抵抗 [Ω/km]

　l：電線の全長 [km]

　L：電線 1 条の単位長さのインダクタンス [H/km]

　f：送電している電力の周波数 [Hz]

　$\dot{Z} = rl + j2\pi fLl = R + jX$：電線の直列インピーダンス

(b)　中距離送電線路

　送電線路の全長が数 km から 100km 程度の中距離送電線路の場合は，短距離送電線路に対してキャパシタンス成分を無視できなくなる。電線 1 条の単位長さあたりのキャパシタンスを C [F/km] とすれば，電線 1 条の並列アドミタンスは，

$$\dot{Y} = j2\pi fCl \text{ [S]}$$

となる。直列インピーダンスは短距離送電線路と同じ

$$\dot{Z} = rl + j2\pi fLl \text{ [Ω]}$$

である。

　中距離送電線路の等価回路は，並列アドミタンスを 2 つに分けて直列インピーダンスの両端に接続した π 型等価回路（**図 3–9**）と，並列アドミタンスが直列インピーダンスの中央に接続された T 型等価回路（**図 3–10**）がある。

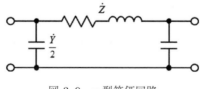

図 3-9　π 型等価回路

　短距離送電線路の場合と同じように，これらを電気回路で学んだ四端子等価回路として捉えたときの四端子定数を求めると，

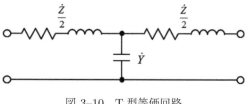

図 3–10　T 型等価回路

[π 型等価回路]

$$
\begin{bmatrix} \dot{A} & \dot{B} \\ \dot{C} & \dot{D} \end{bmatrix} = \begin{bmatrix} 1 & 0 \\ \frac{\dot{Y}}{2} & 1 \end{bmatrix} \begin{bmatrix} 1 & \dot{Z} \\ 0 & 1 \end{bmatrix} \begin{bmatrix} 1 & 0 \\ \frac{\dot{Y}}{2} & 1 \end{bmatrix}
$$

$$
= \begin{bmatrix} 1 + \frac{\dot{Z}\dot{Y}}{2} & \dot{Z} \\ \dot{Y}\left(1 + \frac{\dot{Z}\dot{Y}}{4}\right) & 1 + \frac{\dot{Z}\dot{Y}}{2} \end{bmatrix}
$$

[T 型等価回路]

$$
\begin{bmatrix} \dot{A} & \dot{B} \\ \dot{C} & \dot{D} \end{bmatrix} = \begin{bmatrix} 1 & \frac{\dot{Z}}{2} \\ 0 & 1 \end{bmatrix} \begin{bmatrix} 1 & 0 \\ \dot{Y} & 1 \end{bmatrix} \begin{bmatrix} 1 & \frac{\dot{Z}}{2} \\ 0 & 1 \end{bmatrix}
$$

$$
= \begin{bmatrix} 1 + \frac{\dot{Z}\dot{Y}}{2} & \dot{Z}\left(1 + \frac{\dot{Z}\dot{Y}}{4}\right) \\ \dot{Y} & 1 + \frac{\dot{Z}\dot{Y}}{2} \end{bmatrix}
$$

となる。

例題；*Let's active learning!*

3.3　50Hz，全長 50km の 1 回線三相送電線路がある。一相あたりの等価回路を
π 型等価回路としたときと T 型等価回路としたときの四端子定数をそれぞ
れ求めなさい。ただし，単位長さあたり線路定数は，抵抗 0.2 Ω/km，イ
ンダクタンス 1.5 mH/km，キャパシタンス 0.01 μF/km である。

3.4　次の送電システム（昇圧変圧器 + 送電線 + 降圧変圧器）の四端子定数を
求めよ。ただし，変圧器及び送電線の諸定数（一相あたり）はそれぞれ表
のように設定されている。なお，送電線は π 型等価回路で表現できるもの

とする。

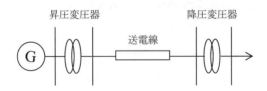

昇圧変圧器	漏れインピーダンス $j6\,\Omega$
降圧変圧器	漏れインピーダンス $j12\,\Omega$
送電線	直列インピーダンス $j40\,\Omega$ 並列アドミタンス $j0.04\,\mathrm{S}$

例 題 解 答

3.3 直列インピーダンスは，

$$\dot{Z} = rl + j2\pi f Ll = 0.2 \times 50 + j2\pi \times 50 \times 1.5 \times 10^{-3} \times 50 = 10 + j23.562$$

並列アドミタンスは，

$$\dot{Y} = j2\pi f Cl = j2\pi \times 50 \times 0.01 \times 10^{-6} \times 50 = j0.15708 \times 10^{-3}\ \mathrm{S}$$

π 型等価回路

$$\dot{A} = \dot{D} = 1 + \frac{\dot{Z}\dot{Y}}{2} = 1 + \frac{(10 + j23.562) \times j0.15708 \times 10^{-3}}{2}$$

$$= 0.9982 + j0.7854 \times 10^{-3}$$

$$\dot{B} = \dot{Z} = 10 + j23.562$$

$$\dot{C} = \dot{Y}\left(1 + \frac{\dot{Z}\dot{Y}}{4}\right)$$

$$= j0.15708 \times 10^{-3} \times \left(1 + \frac{(10 + j23.562) \times j0.15708 \times 10^{-3}}{4}\right)$$

$$= j0.15693 \times 10^{-3}$$

T型等価回路

$$\dot{A} = \dot{D} = 1 + \frac{\dot{Z}\dot{Y}}{2} = 1 + \frac{(10 + j23.562) \times j0.15708 \times 10^{-3}}{2}$$

$$= 0.9982 + j0.7854 \times 10^{-3}$$

$$\dot{B} = \dot{Z}\left(1 + \frac{\dot{Z}\dot{Y}}{4}\right)$$

$$= (10 + j23.562) \times \left(1 + \frac{(10 + j23.562) \times j0.15708 \times 10^{-3}}{4}\right)$$

$$= 9.9815 + j23.544$$

$$\dot{C} = j0.15708 \times 10^{-3}$$

どちらの等価回路でもほぼ等しくなった。

3.4 この電力系統の等価回路は以下のようになる。

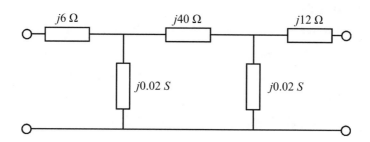

四端子定数は,

$$
\begin{bmatrix} \dot{A} & \dot{B} \\ \dot{C} & \dot{D} \end{bmatrix} = \begin{bmatrix} 1 & j6 \\ 0 & 1 \end{bmatrix} \begin{bmatrix} 1 & 0 \\ j0.02 & 1 \end{bmatrix} \begin{bmatrix} 1 & j40 \\ 0 & 1 \end{bmatrix} \begin{bmatrix} 1 & 0 \\ j0.02 & 1 \end{bmatrix} \begin{bmatrix} 1 & j12 \\ 0 & 1 \end{bmatrix}
$$

$$
= \begin{bmatrix} 0.88 & j6 \\ j0.02 & 1 \end{bmatrix} \begin{bmatrix} 0.2 & j40 \\ j0.02 & 1 \end{bmatrix} \begin{bmatrix} 1 & j12 \\ 0 & 1 \end{bmatrix}
$$

$$
= \begin{bmatrix} 0.056 & j41.2 \\ j0.024 & 0.2 \end{bmatrix} \begin{bmatrix} 1 & j12 \\ 0 & 1 \end{bmatrix}
$$

$$
= \begin{bmatrix} 0.056 & j41.872 \\ j0.024 & -0.088 \end{bmatrix}
$$

となる。

確認してみると，$\dot{A}\dot{D} - \dot{B}\dot{C} = -0.056 \times 0.088 - j41.872 \times j0.024 = 1$

(c)　長距離送電線路

送電線路が 100km 以上の長距離である場合，送電線路の等価回路は分布定数回路として扱う必要がある。すなわち，コンダクタンス成分を無視できない場合には，**図 3–11** のように，中性点に対する単位長さあたりの直列インピーダンス $\dot{z}$ [Ω/km] と並列アドミタンス $\dot{y}$ [S/km] が線路に一様に分布した回路として扱わなければ実際の現象を精度よく模擬することができない。

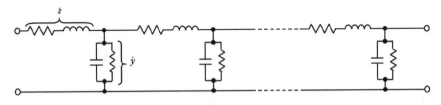

図 3–11　長距離送電線路の等価回路

分布定数回路の解析手法は電気回路ですでに学んでいるので詳細は割愛するが，長距離送電線路の四端子定数は，

$$\begin{bmatrix} \dot{A} & \dot{B} \\ \dot{C} & \dot{D} \end{bmatrix} = \begin{bmatrix} \cosh(\dot{\gamma}l) & \dot{Z}_0 \sinh(\dot{\gamma}l) \\ \dfrac{1}{\dot{Z}_0} \sinh(\dot{\gamma}l) & \cosh(\dot{\gamma}l) \end{bmatrix}$$

で求めることができる。ただし，$\dot{\gamma}$ は分布定数回路の伝搬定数，$\dot{Z}_0$ は特性インピーダンスであり，

$$\dot{\gamma}l = \sqrt{\dot{z}\dot{y}}l = \sqrt{\dot{z}l\dot{y}l} = \sqrt{\dot{Z}\dot{Y}}, \quad \dot{Z}_0 = \sqrt{\dfrac{\dot{z}}{\dot{y}}} = \sqrt{\dfrac{\dot{z}l}{\dot{y}l}} = \sqrt{\dfrac{\dot{Z}}{\dot{Y}}}$$

で表される。

(3)　送電線路の電圧降下

　これまで述べてきたように，送電線路は直列インピーダンスと並列インピーダンスを有するため，送電端に電圧を加えた際には送電線路での電圧降下や大地への充電電流が生じる。今，三相回路の一相分のみを取りだした等価回路を考える。このとき，

$$\Delta E = \left| \dot{E}_S \right| - \left| \dot{E}_R \right|$$

を電圧降下と定義し，これの受電端電圧（の一相分）に対する割合を**電圧降下率**と呼ぶ。

$$\varepsilon = \frac{\Delta E}{\left| \dot{E}_R \right|} = \frac{\left| \dot{E}_S \right| - \left| \dot{E}_R \right|}{\left| \dot{E}_R \right|}$$

　簡単のため，図 3–8 の短距離送電線において遅れ負荷電流 $\dot{I}_R = I_R \angle -\phi$ が流れているモデルを考えると，送電線路の回路方程式は，

$$\dot{E}_S = \dot{E}_R + (R + jX)\dot{I}_R$$

となる。**図 3–12** のフェーザ図を用いて，これらの大きさについて考えると，

$$E_S^2 = (E_R + RI_R \cos\phi + XI_R \sin\phi)^2 + (XI_R \cos\phi - RI \sin\phi)^2$$

が得られる。右辺第一項に対して第二項が非常に小さい場合には，これを無視
して考えると，

$$E_S = E_R + RI_R \cos\phi + XI_R \sin\phi$$

となるから，電圧変動率は，

$$\varepsilon = \frac{\Delta E}{\left|\dot{E}_R\right|} = \frac{\left|\dot{E}_S\right| - \left|\dot{E}_R\right|}{\left|\dot{E}_R\right|} = \frac{RI_R \cos\phi + XI_R \sin\phi}{E_R}$$

となる。

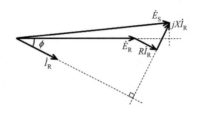

図 3–12　電圧・電流フェーザ図（遅れ力率）

　また，負荷が進み力率である場合や，軽負荷であり充電電流の影響が大きい
場合には，送電端電圧に対して受電端電圧の方が大きくなることがある。この
現象をフェランチ効果（**Ferranti effect**）といい，特に無負荷の送電線路を充
電する際には注意が必要である。短距離送電線路のフェランチ効果をフェーザ
図で説明すれば，**図 3–13** のように負荷が進み力率の場合，受電端電圧の方が
送電端電圧に比べて大きくなることが容易にわかる。

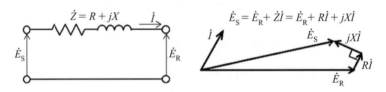

図 3–13　進み負荷が接続されているときのフェーザ図

例題；*Let's active learning!*

3.5 例題 3.3 の送電線路の受電端電圧（線間電圧）を 66 kV に保ち，受電端に 15,000 kW，遅れ力率 0.8 の三相負荷を接続した。このとき送電端電圧（線間電圧），および送電端電流を求めなさい。ただし，送電線路は π 型等価回路とする。

3.6 一相分の直列インダクタンスが 30 mH，並列キャパシタンスが 40 μF の 50Hz 三相送電線がある。この送電線一相分の四端子定数を求め，無負荷時に受電端電圧が送電端に比べて何%上昇するか求めなさい。また一般にこのように受電端電圧が送電端電圧よりも上昇する現象を何というか答えなさい。なお，送電線は π 型等価回路で模擬すること。

例 題 解 答

3.5 送電線の四端子定数は，問題 3.3 の結果を用いて，

$$\dot{A} = \dot{D} = 0.9982 + j0.7854 \times 10^{-3}$$
$$\dot{B} = 10 + j23.562$$
$$\dot{C} = j0.15693 \times 10^{-3}$$

である。

受電端の相電圧を位相の基準ベクトルとして考えると，

$$\dot{E}_\mathrm{R} = \frac{V_\mathrm{R}}{\sqrt{3}} \angle 0° = \frac{66}{\sqrt{3}} \angle 0° \text{ kV}$$

となる。負荷電流の大きさは，

$$I_\mathrm{R} = \frac{P_{3\phi}}{\sqrt{3}V_\mathrm{R}\cos\phi} = \frac{15,000 \times 10^3}{\sqrt{3} \times 66 \times 10^3 \times 0.8} = 164.0 \text{ A}$$

もしくは

$$I_{\mathrm{R}} = \frac{P_{1\phi}}{E_{\mathrm{R}}\cos\phi} = \frac{\frac{15{,}000\times10^3}{3}}{\frac{66\times10^3}{\sqrt{3}}\times0.8} = 164.0\ \mathrm{A}$$

であるから，複素電流は，

$$\dot{I}_{\mathrm{R}} = I_{\mathrm{R}}\left(\cos\phi - j\sin\phi\right) = 164.0\times(0.8 - j0.6) = 131.2 - j98.4$$

となる．したがって送電端電圧と送電端電流を求めれば，

$$\begin{aligned}
\dot{E}_{\mathrm{S}} &= \dot{A}\dot{E}_{\mathrm{R}} + \dot{B}\dot{I}_{\mathrm{R}} \\
&= \left(0.9982 + j0.7854\times10^{-3}\right)\times\frac{66\times10^3}{\sqrt{3}} \\
&\quad + (10 + j23.562)(131.2 - j98.4) \\
&= 41.70\times10^3 + j2.1074\times10^3 \\
&= 41.75\angle2.893°\quad\mathrm{kV}
\end{aligned}$$

となるから，送電端線間電圧は，

$$V_{\mathrm{S}} = \sqrt{3}E_{\mathrm{S}} = \sqrt{3}\times41.75 = 72.31\ \mathrm{kV},$$

一方，送電端電流は，

$$\begin{aligned}
\dot{I}_{\mathrm{S}} &= \dot{C}\dot{E}_{\mathrm{R}} + \dot{D}\dot{I}_{\mathrm{R}} \\
&= \left(j0.15693\times10^{-3}\right)\times\frac{66\times10^3}{\sqrt{3}} \\
&\quad + \left(0.9982 + j0.7854\times10^{-3}\right)(131.2 - j98.4) \\
&= 131.04 - j92.14 = 160.2\angle-35.11°\ \mathrm{A}
\end{aligned}$$

となる．

3.6 線路の直列インピーダンスおよび並列アドミタンスは，

$$\dot{Z} = jX = j\omega L = j2\pi \times 50 \times 30 \times 10^{-3} = j9.425 \ \Omega$$

$$\dot{Y} = j\omega C = j2\pi \times 50 \times 40 \times 10^{-6} = j0.01257 \ S$$

であり，線路の四端子定数を求めると，

$$\begin{bmatrix} \dot{A} & \dot{B} \\ \dot{C} & \dot{D} \end{bmatrix} = \begin{bmatrix} 1 + \frac{ZY}{2} & Z \\ \dot{Y}\left(1 + \frac{\dot{Z}\dot{Y}}{4}\right) & 1 + \frac{ZY}{2} \end{bmatrix}$$

$$\dot{A} = \dot{D} = 1 + \frac{\dot{Z}\dot{Y}}{2} = 1 + \frac{j9.425 \times j0.01257}{2} = 0.9408$$

$$\dot{B} = \dot{Z} = j9.425$$

$$\dot{C} = \dot{Y}\left(1 + \frac{\dot{Z}\dot{Y}}{4}\right) = j0.01257 \times \left(1 + \frac{j9.425 \times j0.01257}{4}\right)$$

$$= j0.0122$$

無負荷時の送電端電圧に対する受電端電圧の比は，

$$\frac{E_R}{E_S} = \frac{1}{A} = \frac{1}{0.9408} = 1.063$$

となるから，受電端電圧は送電端電圧に対して 6.3%上昇する。この現象を
フェランチ効果，もしくはフェランチ現象という。

3.2.3 送電特性

(1) 電力円線図

一般に電力システムは複数の送電線路がネットワークを構成している。ネットワークを構成する送電網の送電特性は潮流計算手法により計算する必要があるが，本書では，ある地点からある地点に電力を送電するときの送電線路の送電特性，すなわち，電圧，位相，および電力について説明する。この送電特性を応用することでネットワークを構成する送電網の送電特性を知ることができるが，それは別の良書に譲る。

今，図 3-14 に示すように四端子定数 $\dot{A}, \dot{B}, \dot{C}, \dot{D}$ をもつ送電線路を考える。

ただし，図 3–14 は三相送電線路の Y 結線の一相分を示しており，送電端電圧（相電圧），送電端電流，受電端電圧（相電圧），および受電端電流を図に示すように，それぞれ $\dot{E}_{\mathrm{S}}$，$\dot{I}_{\mathrm{S}}$，$\dot{E}_{\mathrm{R}}$，および $\dot{I}_{\mathrm{R}}$ とする。

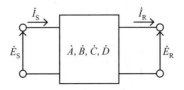

図 3–14 　想定する送電線路

送受電端の電圧・電流の関係式は，

$$\begin{bmatrix} \dot{E}_{\mathrm{S}} \\ \dot{I}_{\mathrm{S}} \end{bmatrix} = \begin{bmatrix} \dot{A} & \dot{B} \\ \dot{C} & \dot{D} \end{bmatrix} \begin{bmatrix} \dot{E}_{\mathrm{R}} \\ \dot{I}_{\mathrm{R}} \end{bmatrix}$$

であるから，これを変形すれば，

$$\begin{bmatrix} \dot{I}_{\mathrm{S}} \\ \dot{I}_{\mathrm{R}} \end{bmatrix} = \begin{bmatrix} \dfrac{\dot{D}}{\dot{B}} & -\dfrac{1}{\dot{B}} \\ \dfrac{1}{\dot{B}} & -\dfrac{\dot{A}}{\dot{B}} \end{bmatrix} \begin{bmatrix} \dot{E}_{\mathrm{S}} \\ \dot{E}_{\mathrm{R}} \end{bmatrix}$$

が得られる。これより，送電（複素）電力（一相分）を求めれば，

$$\dot{W}_{\mathrm{S}} = \dot{E}_{\mathrm{S}} \dot{I}_{\mathrm{S}}^{*} = \dot{E}_{\mathrm{S}} \left(\frac{\dot{D}}{\dot{B}} \dot{E}_{\mathrm{S}} - \frac{1}{\dot{B}} \dot{E}_{\mathrm{R}} \right)^{*} = \frac{\dot{D}^{*}}{\dot{B}^{*}} \dot{E}_{\mathrm{S}} \dot{E}_{\mathrm{S}}^{*} - \frac{1}{\dot{B}^{*}} \dot{E}_{\mathrm{S}} \dot{E}_{\mathrm{R}}^{*}$$

となる。ただし，$\dot{I}_{\mathrm{S}}^{*}$ は $\dot{I}_{\mathrm{S}}$ の共役複素数である。ここで，四端子定数（$\dot{A}$，$\dot{B}$，$\dot{C}$，$\dot{D}$）は複素数であるから，それらの演算も複素数となるので，今，これを次のようにおく。

$$\frac{\dot{D}^{*}}{\dot{B}^{*}} = m + jn, \ \dot{B} = be^{j\beta}$$

また，受電端電圧 $\dot{E}_{\mathrm{R}}$ を位相基準とし，$\dot{E}_{\mathrm{S}}$ が $\dot{E}_{\mathrm{R}}$ より θ だけ位相が進んでいるものとすると（この θ は相差角と呼ばれる），

$$\dot{E}_{\mathrm{R}} = E_{\mathrm{R}}, \ \dot{E}_{\mathrm{S}} = E_{\mathrm{S}} e^{j\theta}$$

と書くことができるから，送電端（複素）電力の式は，

$$\dot{W}_\mathrm{S} = \frac{\dot{D}^*}{\dot{B}^*}\dot{E}_\mathrm{S}\dot{E}_\mathrm{S}^* - \frac{1}{\dot{B}^*}\dot{E}_\mathrm{S}\dot{E}_\mathrm{R}^* = (m+jn)\,E_\mathrm{S}^2 + \frac{E_\mathrm{S}E_\mathrm{R}}{b}e^{j(180°+\theta+\beta)}$$

となり，これを送電端電力方程式（一相分）と呼ぶ。三相分を求める場合には，これを 3 倍するか，相電圧の代わりに線間電圧を用いればよい。したがって，三相分の送電端の有効電力および無効電力は，

$$P_{\mathrm{S}3\phi} = m\mathrm{V}_\mathrm{S}^2 + \frac{V_\mathrm{S}V_\mathrm{R}}{b}\cos(180°+\theta+\beta)$$

$$Q_{\mathrm{S}3\phi} = n\mathrm{V}_\mathrm{S}^2 + \frac{V_\mathrm{S}V_\mathrm{R}}{b}\sin(180°+\theta+\beta)$$

となる。同様に，受電端（複素）電力を求めれば，

$$\dot{W}_\mathrm{R} = \dot{E}_\mathrm{R}\dot{I}_\mathrm{R}^* = \dot{E}_\mathrm{R}\left(\frac{1}{\dot{B}}\dot{E}_\mathrm{S} - \frac{\dot{A}}{\dot{B}}\dot{E}_\mathrm{R}\right)^* = \frac{1}{\dot{B}^*}\dot{E}_\mathrm{R}\dot{E}_\mathrm{S}^* - \frac{\dot{A}^*}{\dot{B}^*}\dot{E}_\mathrm{R}\dot{E}_\mathrm{R}^*$$

$$= -(m'+jn')\,E_\mathrm{R}^2 + \frac{E_\mathrm{S}E_\mathrm{R}}{b}e^{j(\beta-\theta)}$$

となる。受電端電力方程式（一相分）と呼ぶ。ただし，$\frac{\dot{A}^*}{\dot{B}^*} = m'+jn'$ である。

したがって，三相分の受電端の有効電力および無効電力は，線間電圧を用いて，

$$P_{\mathrm{R}3\phi} = -m'V_\mathrm{R}^2 + \frac{V_\mathrm{S}V_\mathrm{R}}{b}\cos(\beta-\theta)$$

$$Q_{\mathrm{R}3\phi} = -n'V_\mathrm{R}^2 + \frac{V_\mathrm{S}V_\mathrm{R}}{b}\sin(\beta-\theta)$$

と書くことができる。

　送電端および受電端電力方程式は，送電容量や送電特性を計算する際に重要な式である。これらはどちらも複素平面上では，円の方程式を表しているので，これらにより得られる**図 3–15** の円線図は，それぞれ送電端電力円線図および受電端電力円線図と呼ばれる。このことは，送電端および受電端の有効および無効電力はそれぞれ独立に決定できるものではなく，円線図上の任意の点でのみ送電（もしくは受電）可能であることを意味している。三相分の送電円および受電円の中心座標ならびに半径は次の通りである。

- 送電円の中心座標 $(m + jn)\,V_S^2$
- 送電円の半径 $\frac{V_S V_R}{b}$
- 受電円の中心座標 $-(m' + jn')\,V_R^2$
- 受電円の半径 $\frac{V_S V_R}{b}$

　一般に定電圧送電方式のもとでは，送電端および受電端電圧が一定の値に設定されるので，送受電端電力方程式は，送受電端の有効電力および無効電力，ならびに相差角の関数となる。電力円線図は上記のように線路の四端子定数と電圧がわかれば描くことができ，送受電端の有効電力および無効電力，ならびに相差角のうち，どれかひとつが指定されれば，送電円および受電円上にそれぞれひとつの点に動作点をとることができる（厳密には二次関数であるため複数の解が求まるが，$(\beta - \theta) < 90^\circ$ の点を用いれば，ひとつの動作点が得られる）。

　もし，動作点以外の送電端有効・無効電力，もしくは受電端有効・無効電力

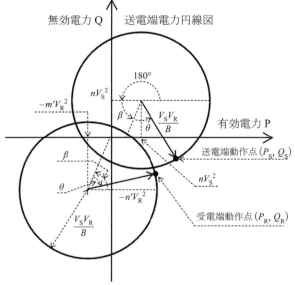

図 3–15　電力円線図

で送電しなければならない場合には，送電端電圧，もしくは受電端電圧が変化することにより送電端・受電端電力円線図の中心座標ならびに円の大きさが変化して任意の有効・無効電力が動作点となるように円線図そのものが変化する。しかしながらこの場合，送電電圧が変化することになるので，電力系統の末端にある需要家の電圧も大きく変化することになり，定電圧送電とは呼べなくなる。

なお，受電端有効電力の式からわかるように，受電端有効電力（三相分）の最大値は相差角 $\theta = \beta$ となる点であり，

$$P_{\mathrm{Rmax}} = -m'V_{\mathrm{R}}^2 + \frac{V_{\mathrm{S}}V_{\mathrm{R}}}{b}$$

となる。実際に受電できる最大電力は，一般に安定度等の要因によりこの値より小さくなるが，定電圧送電方式における理論上の最大受電電力は上記の通りである。

例題 ; *Let's active learning!*

3.7 一相分の四端子定数が次のように表される送電線がある。

$$\dot{A} = \dot{D} = 0.8, \quad \dot{B} = j240 \ \Omega, \quad \dot{C} = j0.0015 \ \mathrm{S}$$

この送電線は送電端電圧（線間電圧）280 kV，受電端電圧（線間電圧）275 kV で定電圧送電をしている。受電端電力円線図を描き，相差角 θ 時の動作点を示しなさい。

例 題 解 答

3.7 三相分の受電端電力方程式に数値を代入すると，

$$W_{\mathrm{R}} = \frac{1}{\dot{B}^*}V_{\mathrm{S}}V_{\mathrm{R}}e^{-j\delta} - \frac{\dot{A}^*}{\dot{B}^*}V_{\mathrm{R}}^2 = \frac{280 \times 275}{240}e^{j(90^\circ - \theta)} - \frac{275 \times 275 \times 0.8}{-j240}$$
$$= 320.8e^{j(90^\circ - \theta)} - j252.1$$

となる。したがって，中心座標は $(0 \ \mathrm{MW}, \ -j252.1 \ \mathrm{MVar})$，半径は 320.8 MVA の円となる。円線図は省略。

(2)　調相容量と調相設備

　今，図 3–16 ように送電線路の受電端に電力需要 P_L（定力率負荷）が接続されているときを考える。このとき電力需要に電力を供給するために受電端には $P_R = P_L$ となる電力が受電されなければならない。しかしながら前述のように定電圧送電方式においては，受電端の有効電力が決まると，受電端無効電力は一意に定まり，これは必ずしも負荷の要求する無効電力と一致するとは限らない。この場合，このままでは無効電力に関してキルヒホッフの第一法則が成り立たず，一定の電圧で電力を供給できなくなる。

　そこで，実際の変電所等においては，受電端においては無効電力を調整することで一定の電力での電力供給を実現している。このように線路に流入出する無効電力を調整することで電圧を一定に維持することを「**調相（Reactive power injection）**」と呼び，一定電圧のもとで必要な有効電力を供給するためには，それに応じて無効電力も調整する必要がある。

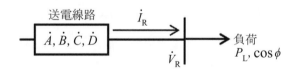

図 3–16　受電端に負荷が接続されている系統

　今，受電端に接続されている負荷の電力需要が P_L[W] であり，負荷力率を遅れ $\cos\phi$ とすれば，負荷は

$$Q_L = \frac{P_L}{\cos\phi}\sin\phi = P_L\tan\phi\ [\mathrm{Var}]$$

の無効電力を必要とする。これを**図 3–17** の複素平面上で表せば ○ 点となる。しかしながら，電力需要 P_R に電力を供給するためには受電端には $P_R = P_L$ なる電力を受電する必要があり，指定された電圧を変化させずに P_R を受電するためには，同時に無効電力 Q_R が必要である。図 3–17 では●点が動作点となる必要がある。したがって，○ 点を●点に推移させるため，受電端に無効電力 Q_C

を注入しなければならず，これを調相容量と呼ぶ。すなわち，図 3–17 の場合，

$$Q_C = Q_L - Q_R$$

の遅れ無効電力を系統に注入する必要がある。無効電力を供給する設備は調相設備と呼ばれる。

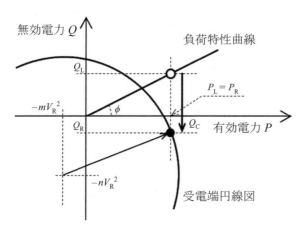

(a) 電力円線図

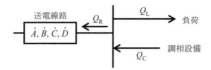

(b) 受電端の無効電力の流れ

図 3–17　重負荷時の調相

　一方，受電端に接続されている負荷が小さいとき，すなわち，**図 3–18** のような場合は，負荷が要求する無効電力と受電端において系統から受電すべき無効電力を一致させるために，

$$Q_C = Q_L - Q_R$$

の遅れ無効電力を受電端で消費しなければならない。

調相容量を計算するためには，系統図を用いてその方向（±）を把握しながら計算することが必要である。

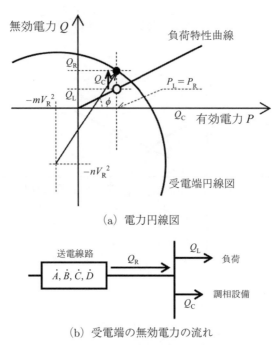

（a）電力円線図

（b）受電端の無効電力の流れ

図 3–18　軽負荷時の調相

したがって，時々刻々変化する電力需要に対して定電圧で電力を供給するためには，受電端円線図と負荷特性曲線との交点より大きい有効電力を消費する負荷が受電端に接続されている場合には，遅れの無効電力を発生する調相設備により遅れの無効電力を系統に注入する必要がある。一方，交点より小さい場合には無効電力を消費する調相設備により，系統から受電する遅れの無効電力を消費しなければならない。

ところで，一般に電力は方向（発生 or 消費）ならびに位相（遅れ or 進み）のそれぞれに対して ± の符号で区別されるため，遅れの無効電力を発生させる

設備は，進みの無効電力を消費する設備に等しく，一般にこれはコンデンサがその役割を果たす。一方，遅れの無効電力を消費する設備はコイルである。すなわち，重負荷時には電力用コンデンサを，一方，軽負荷時には分路リアクトルを負荷に並列にすることで無効電力を調整して定電圧送電が可能となる。

一般に変電所には電力用コンデンサならびに分路リアクトルが設備されているが，それらは適切な容量のコンデンサもしくはリアクトルが直並列に接続され，必要な無効電力を調整しているが，その調整量は連続値ではなく段階的となるため，厳密に一定の電圧に維持することは困難である。一方，交流同期電動機はその界磁電流を増減させることで，電機子電流の位相を進みから遅れまで連続的に変化させることができる。これは一般に同期機の V 曲線（V 特性）と呼ばれている。そこで，同期電動機を無負荷運転として界磁電流を調整することで無効電力を連続的に，しかも進みから遅れまで変化させることができる調相設備として用いられることもある。これを同期調相機と呼ぶ。しかしながら回転機であるため，据え付けや保守の面で多用されていない。

近年，パワーエレクトロニクス技術の進歩により，半導体デバイスを用いて高速の無効電力制御を可能とした「**静止型無効電力補償装置（Static var compensator，SVC）**」や IGBT を用いて高速かつ自在に無効電力制御を行うことができる「自励式無効電力補償装置」が普及され始めている。SVC や STATCOM の詳細はパワーエレクトロニクスの良本に譲るが，同期調相機と同様に進みから遅れまでの無効電力を連続に調整することが可能である。

例題；*Let's active learning!*

3.8 こう長 100 km，送電端電圧 66 kV，受電端電圧 60 kV の三相 1 回線送電線路がある。線路の直列インピーダンスは $0.180 + j0.50$ Ω/km で，並列アドミタンスは無視できる。このとき以下の問に答えなさい。
   (1) 送電線の四端子定数を求めなさい。
   (2) 受電端円線図を求めなさい。
   (3) 最大受電電力を求めなさい。

(4) 受電端に 40 MW の抵抗負荷を接続したときに必要な調相容量（大きさと方向）を求めなさい。

例 題 解 答

3.8 （1）四端子定数は定義により，

$$\begin{bmatrix} \dot{A} & \dot{B} \\ \dot{C} & \dot{D} \end{bmatrix} = \begin{bmatrix} 1 & \dot{Z} \\ 0 & 1 \end{bmatrix} = \begin{bmatrix} 1 & 18.0 + j50.0 \\ 0 & 1 \end{bmatrix}$$
$$= \begin{bmatrix} 1 & 53.14\angle 70.2° \\ 0 & 1 \end{bmatrix}$$

となる。

（2）受電電力方程式（三相分）は，

$$W_{\mathrm{R}} = \frac{1}{\dot{B}^*} V_{\mathrm{S}} V_{\mathrm{R}} e^{-j\theta} - \frac{\dot{A}^*}{\dot{B}^*} V_{\mathrm{R}}^2 = \frac{66 \times 60}{53.14} e^{j(70.2°-\theta)} - \frac{60 \times 60}{53.14} e^{j70.2°}$$
$$= 74.52 e^{j(70.2°-\theta)} - (22.95 + j63.74)$$

となるから，中心座標は，$(-22.95 \text{ MW}, -j63.74 \text{ MVar})$，半径が 74.52 [MVA] の円となる。

（円線図は省略）

（3）最大受電電力は，$74.52 - 22.95 = 51.57$ MW となる。

（4）受電端電力方程式を変形すると，

$$(P_{\mathrm{R}} + 22.95)^2 + (Q_{\mathrm{R}} + 63.74)^2 = 74.52^2$$

であるから，$P_{\mathrm{R}} = 40.0$ MW を代入して Q_{R} を求めれば，

$$Q_{\mathrm{R}} = \sqrt{74.52^2 - (P_{\mathrm{R}} + 22.84)^2} - 63.74$$
$$= \sqrt{74.52^2 - (40 + 22.84)^2} - 63.74 = -23.69 \text{ MVar}$$

となる。したがって，必要な調相容量は，遅れ 23.69 MVar を注入する必要がある。

3.2.4　中性点接地方式と保護継電方式，故障計算

送電線路は厳しい自然環境にさらされており，またさまざまな原因により，事故（通常の電力供給ができない状態）が発生することを想定してシステムを設計しなければならない。実際の電力システム運用では種々の事故除去システム，保護システムやバックアップシステム，事故・故障による影響の拡大防止システムが存在しているが，紙面の都合上，ここでは中性点接地方式，保護継電方式，ならびに故障計算のみを取り上げ，その概要を説明する。

(1)　中性点接地方式

これまで述べてきたように電力システムは三相 3 線交流方式が用いられており，一般に，**図 3–19** のように昇圧変圧器は △ － Y 接続，降圧変圧器は Y － △ 接続されることが多く，送電線路ではその Y 接続の中性点をどのように接地しているかが電力の安定供給には非常に重要となる。

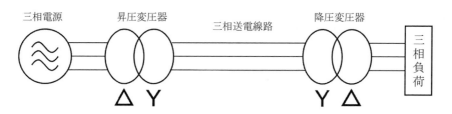

図 3–19　一般的な送電システム

一般に，電力システムにおける中性点接地の目的は

・送配電変電設備における地絡事故発生時の健全相の対地電位上昇の抑制
・地絡保護リレーの確実な動作の担保
・地絡事故時の故障電流の抑制と電磁誘導対策

・地絡過渡電圧電流の抑制，鉄共振，アーク間欠などの不安定現象の抑制
・事故時にも継続した電力供給（消弧リアクトル接地方式では，1線地絡故障
　時には地絡アークを消弧することができ，電力供給を継続できる）

などがあり，これらを実現するための接地方式には，

(a) 非接地方式…33kV級の比較的短距離の送電線路に使用される。中性点を
　　接地せずに開放しておく方式である。配電系統などの低電圧・短距離の場
　　合に使用される。

(b) 直接接地方式…中性点を直接（もしくはきわめて小さい抵抗で）接地す
　　る方式である。送電線路の絶縁の問題から，我が国では187kV級以上のほ
　　とんどの超高圧送電線路で採用されている。1線地絡故障時の健全相電圧
　　はほとんど上昇しないが，故障電流は非常に大きい。

(c) 抵抗接地方式…変圧器の中性点に抵抗を接続して接地する方式である。
　　抵抗の値により変化するが，1線地絡故障時の健全相の対地電圧はやや上昇
　　する。通信線への電磁誘導電圧と故障電流の大きさを鑑み，適切な抵抗値
　　が設定される（高抵抗接地方式，低抵抗接地方式に区別する場合もある）。
　　我が国では110kVおよび154kV系統で採用されている。

(d) 消弧リアクトル接地方式…ペテルゼンコイル接地方式とも呼ばれ，線路の
　　対地キャパシタンスに共振するようなインダクタンスを持つコイルを介し
　　て中性点を接地する方式である。この場合，地絡時には共振状態となるた
　　め故障電流がほとんど流れず，電力供給を継続できる。我が国では66kV，
　　77kV系統で使用されることが多い。

が挙げられるが，系統設計の基本方針に応じて，これらの優先順位は異なるた
め，具体的な条件に基づいて，接地方式の選択と詳細設計が決定される。
　これらの主な特徴をまとめると，**表3–4**のようになる。

表 3–4 中性点接地方式の特徴の比較

	非接地	直接接地	抵抗接地	消弧リアクトル接地
地絡事故時の健全相電圧上昇	非常に大	小	非接地に比べてやや小	事故点からの距離により大きくなることもある
多重事故への発展の可能性	大	小	中	中
地絡事故点流の大きさ	小	きわめて大	中（接地抵抗値による）	最小
地絡事故除去	困難	非常に容易	可能（条件による）	自然消弧
適用される電圧階級	33kV 以下	187kV 以上	110,154kV	66,77kV

(2) 保護継電方式の概要

　送配電システムに事故が発生した際に，故障場所を特定し，高速かつ確実に故障を除去し，故障の影響を最小限とするようなシステムを，一般に保護継電（保護リレー）方式という。送配電系統には多くの保護継電器が設置されている。それらがシステムとして密接に関係し合うことが必要であり，それらが正常に動作できるようなシステムを構築する必要がある。

　一般に，送配電システムの事故の種類は，

① 地絡事故：1 線地絡，2 線地絡，3 線地絡，および同時多重地絡
② 短絡事故：相間短絡（2 線，および 3 線），および回線間短絡

に大別でき，自然現象によるものから人為的なミスに基づくものまで多種多様の事故がある。

　これらの事故のすべてに対応できる保護システムは存在せず，特定の機能を持つ多くの保護継電システムの多くを組み合わせて，事故の影響を小さくできるように保護継電システムが構成されている。

　一般に，保護継電方式は主保護継電方式と後備保護継電方式から構成されて
おり，主たる保護方式を列挙すれば以下のようになる。

- 過電流継電方式 ⋯ もっとも基本的で単純な継電方式であり，整定値を超
えた電流が流れた場合に継電器を動作させるものであるが，系統構成が複
雑になると運用に難点を示すことが多い
- 方向過電流継電方式 ⋯ 事故電流の流れる方向が特定できない場合には方
向過電流方式が用いられる
- 電力平衡継電方式 ⋯ 2回線の送電線路に用いられる方式であり，事故回
線を判別し，高速に事故除去を行うことができる
- 距離継電方式 ⋯ 事故時の電圧や電流により事故点までの距離を算出して
遮断器を動作させる方式である
- パイロット継電方式 ⋯ 電力線搬送やマイクロ波送電により事故情報を共
有して長距離送電線の保護を行う方式である

　送電線路の事故の多くは自然現象によるものであり，1線地絡事故がもっと
も多い。雷によるフラッシオーバ事故は，故障電流を遮断してアークを取り除
けば，再び遮断器を投入することにより電力供給を継続できる。このように遮
断器を自動で投入することを再閉路と呼んでいる。おおよそ1秒以内に遮断器
を投入するものを特に高速再閉路と呼び，超高圧送電線路のほとんどで使用さ
れている。

(3)　故障計算法

　通常，電力系統は三相平衡状態な電気回路として扱うことができるが，事故
時には必ずしも三相平衡状態とはならずに，三相が不平衡な電気回路として使
う必要がある。故障計算は故障時の電圧・電流をあらかじめ計算するものであ
り，送配電システムの各種機器の仕様策定には必要不可欠である。故障計算法
にはこれまでに各種の方法が開発されてきたが，現在は対称座標法が一般的手
法として用いられている。

対称座標法は電気回路で学んだように，三相不平衡を，零相成分，正相成分，および逆相成分に分割して扱うものであり，次のように書くことができる。すなわち，今，$\dot{V}_a$，$\dot{V}_b$，および $\dot{V}_c$ が三相不平衡電圧であると定義する。このとき，この三相不平衡電圧を零相成分，正相成分，および逆相成分で表せば，

$$\dot{V}_a = \dot{V}_0 + \dot{V}_1 + \dot{V}_2$$

$$\dot{V}_b = \dot{V}_0 + \dot{\alpha}^2\dot{V}_1 + \dot{\alpha}\dot{V}_2$$

$$\dot{V}_c = \dot{V}_0 + \dot{\alpha}\dot{V}_1 + \dot{\alpha}^2\dot{V}_2$$

となる。ここで，$\dot{V}_0$ は零相成分，$\dot{V}_1$ は正相成分，$\dot{V}_2$ は逆相成分であり，$\dot{\alpha}$ はベクトルオペレータ $\dot{\alpha} = e^{j120°} = -\dfrac{1}{2} + j\dfrac{\sqrt{3}}{2}$ である。一般に対称座標法は任意の三相不平衡に対して適用可能である。

対称座標法の各成分は独立に扱うことができ，故障により三相不平衡状態となった電力系統に対して適用することで，比較的簡単に各所の電圧・電流を計算できるが，紙面の都合上，詳細な計算例については割愛する。

例題；*Let's active learning!*

3.9 ベクトルオペレータが $\dot{\alpha} = -\dfrac{1}{2} + j\dfrac{\sqrt{3}}{2}$ で表されることを数学的な観点から考察しなさい。

例 題 解 答

3.9 三相平衡ベクトルは，大きさが同一で位相がそれぞれ 120° 異なっている。すなわち，今，ベクトルの大きさを 1 とすれば，ベクトルはそれぞれ単位円を 3 等分した点となる。したがって，ベクトルオペレータ α は，$z^3 = 1$ の解のひとつとなる。

一般に，$z^n = 1$ の解は，複素数領域で考えれば，

$$z = \cos\frac{2k\pi}{n} + j\sin\frac{2k\pi}{n}, \quad n = 1, 2, \cdots, n$$

となるので，$n = 3$ を代入すれば，

$$z = \begin{cases} \cos\dfrac{2\pi}{3} + j\sin\dfrac{2\pi}{3} = -\dfrac{1}{2} + j\dfrac{\sqrt{3}}{2} \\[2ex] \cos\dfrac{2\times 2\pi}{3} + j\sin\dfrac{2\times 2\pi}{3} = -\dfrac{1}{2} - j\dfrac{\sqrt{3}}{2} \\[2ex] \cos\dfrac{2\times 3\pi}{3} + j\sin\dfrac{2\times 3\pi}{3} = 1 \end{cases}$$

となり，ベクトルオペレータは，$z^3 = 1$ の解のひとつであることがわかる。

もちろん，因数分解を用いても解くことができる。すなわち，$z^3 = 1$ を因数分解すれば，$(z-1)\left(z^2 + z + 1\right) = 0$ となるので，解は，

$$z = \begin{cases} 1 \\[2ex] \dfrac{-1 \pm \sqrt{1-4}}{2} = -\dfrac{1}{2} \pm j\dfrac{\sqrt{3}}{2} \end{cases}$$

となる。

3.2.5 直流送電

　我が国には 10 の一般送配電事業者があり，沖縄電力を除く 9 の一般送配電事業者が広域に連系して良質な電力の安定供給に努めている。図 **3–20** に示すように，50Hz 地域は北海道電力，東北電力，および東京電力パワーグリッド，60Hz 地域の一般送配電事業者は中部電力，北陸電力，関西電力，中国電力，四国電力，九州電力，および沖縄電力である。北海道電力と東北電力，ならびに関西電力と四国電力は直流送電で連系され，東京電力と中部電力は，3 箇所の周波数変換所で連系されている。一方，60Hz 地域同士の中部電力と北陸電力は一箇所の非同期連系（BTB 方式，Back to Back 方式）で連系されている。周波数変換や非同期連系の原理は直流送電と同一であり，しばしばこれらも直流送電として説明される。

　電気事業の黎明期は直流による発送配電が行われていたが，変圧器の開発による電圧変換の容易さから，現在は交流による電力供給システムが構築されている。しかしながら，上述のように，我が国では 2 箇所の直流送電設備，3 箇所の周波数変換設備，ならびに 1 箇所の非同期連系設備を有している。これらの

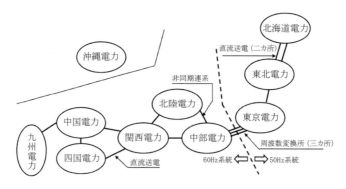

図 3-20 我が国の広域連系

原理はすべて同一であり，パワーエレクトロニクス技術の進展により交流-直流の変換が容易となり，直流の利用が広まっている。将来的には4章で述べるように需要家に近いところでの直流のさらなる利用が広まる可能性もあり，今後の研究開発が待たれる。

　本書では，直流長距離送電に絞ってその概要を説明する。交流送電に対する直流送電の特徴を整理すれば，次のようになる。

- ・リアクタンス成分を考慮する必要がない
- ・安定度の制約が無く，電線路の熱的電流許容値まで利用可能である
- ・最大電圧が交流に比べて低いので，絶縁が容易である
- ・AC/DC変換器を独立に制御できるので，非同期の系統連系が可能である
- ・交流に比べて電線本数を低減できる
- ・交流に比べて高価なAC/DC変換設備を必要とする
- ・AC/DC変換設備では多くの無効電力を消費するため，調相設備を必要とする
- ・高調波フィルタが必要である
- ・大地もしくは海水を帰路とした場合には，直流によるケーブルの電食や磁気コンパスへの悪影響などがある
- ・電圧の大きさを簡単に変換できない

・直流は交流のようにゼロ点を通過しないため，大容量高電圧の直流遮断器
の開発が必要である

したがって，次の場合に直流送電が利用されるケースが多い。

・大容量の長距離送電
・海峡の対岸同士の連系
・異周波数連系や同一周波数の非同期連系

　直流送電は単極方式（接地と正極）と双極方式（接地と正極および負極）に大
別できる。我が国の北本直流連系設備のように，建設当初は単極方式とし，そ
の後，双極方式に拡張する計画で建設されることが多い。なお，単極方式は，中
性線の接地方式により，海水帰路方式，大地帰路方式，および導体帰路方式に
大別され，双極方式も両端の中性点を接地する方式，片端のみを接地する方式，
および導体で両端の中性点を接続する方式に分けられる。
　直流送電（周波数変換や非同期連系も含む）の基本特性と制御方式について
は，AC/DC 変換器の制御によるところが大きく，基本構成は**図 3–21** となる。
変換器の具体的構成を含めて，これらはパワーエレクトロニクスの分野に譲る
として本書では割愛する。

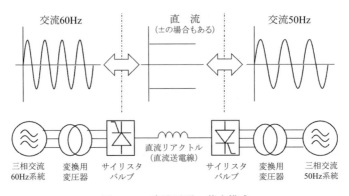

図 3–21　直流送電の基本構成

例題；*Let's active learning!*

3.10 次の表は我が国の直流連系設備をまとめたものである。文献を調査し，空
欄【 】に適切な語句・数値等を入れなさい。

分 類	名 称	電圧階級	容 量	特 徴
直流送電	北本直流連系	±【⑥】kV	600MW	1976 年運用開始，43 km の海底ケーブル
	北斗今別直流幹線	250kV	300MW	2019 年運用開始，青函トンネルを利用
	紀伊水道直流連系	±【⑦】kV	1,400MW	2000 年運用開始，51 km の海底ケーブル
周波数変換	【②】周波数変換所	±125kV	300MW	【⑨】年運用開始
	【③】変電所	±125kV	600MW	1977 年運用開始
	【④】変電所	±125kV	300MW	2006 年運用開始
【①】	【⑤】連系所	±【⑧】kV	300MW	1999 年運用開始，国内唯一の【⑩】方式

(2019 年現在)

3.11 世界の直流送電設備（周波数変換や非同期連系を含む）を調査し，今後の
直流送電のあり方についてグループで意見交換しよう。

例 題 解 答

3.10 ①：非同期連系，②：佐久間，③：新信濃，④：東清水，
⑤：南福光，⑥：250，⑦：250，⑧：125，⑨：1965，⑩：BTB

3.11 省略

▶ 章末問題にチャレンジ！ ⇒ 3-5～3-17

3.3　配電

3.3.1　配電方式

　一般に配電とは配電用変電所から需要家に電力を供給するシステムを指す。送電と配電は電気的な特性に大きな差違はないものの，送電は大電力をある地点からある地点に輸送することを主たる目的とすることに対して，配電は面的に広い供給エリアに対して需要家が必要とする電力を供給することが目的となる。生活圏に近いシステムであることから安全面には特に配慮する必要があり，送電に比べて 33kV〜6.6kV と低い電圧でシステムが構成されている。さらに，交通への影響や都市の景観などの観点から，近年は地中配電が普及されているなど，都市工学分野との関連も非常に強い。

　現在，太陽光発電などの小規模な電源が配電システムの末端に接続され，今後その傾向が大きくなる可能性があり，将来的には一方的に電力を「配る」という配電システムではなく，地域内で電力を「流通」させる電力流通システムと呼ばれることになる可能性があるが，ここでは現状の配電システムについてのみ述べる。将来の電力流通システムについては 4 章でその概要を説明する。

(1)　配電線路の構成

　通常，配電用変電所からは複数本の**給電線（Feeder）**が引き出され，面的に広い供給エリアの必要箇所に電力を供給する。配電線路の構成は，樹枝状系統（放射状系統），およびループ系統，ネットワーク系統，およびバンキング方式に大別でき，**図 3–22** に樹枝状系統及びループ系統構成の一例を示している。

　樹枝状系統は現状の高圧架空配電システムの多くに使用されている。各区間の負荷になるべく偏りをもたせないように，また著しい三相不平衡とならないように柱上変圧器を設置して需要家に電力を供給している。ループ系統は特定の区分開閉器を常時開放させることにより，放射状系統とする常時開放型ループ配電系統で使用される。なお，配電自動化により大部分の区分開閉器は自動

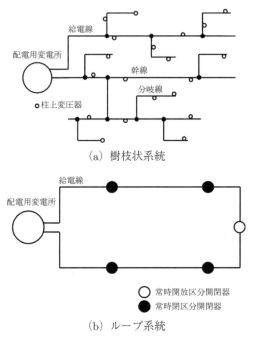

(a) 樹枝状系統

○ 常時開放区分開閉器
● 常時閉区分開閉器

(b) ループ系統

図 3–22　配電線路の構成

で動作されるようになっており，高圧配電系統で生じた事故の影響を最小限に
している。現在は，センサ付区分開閉器も開発されており，より柔軟な配電系
統の運用が可能なシステムとなっている。

(2)　配電の電気方式

　通常，高圧配電線の電気方式は三相3線式であり，**図3–23**は一般的な低圧
の供給電気方式である。動力源として200V三相3線式や200/100V単相3線
式による電力供給が多い。ただし高圧/低圧の混触対策として，低圧回路にはB
種設置工事がなされる。図3–23の他にも，V結線による三相3線式や，20kV
級で受電する場合には，変圧器二次側をY結線として中性点を接地する三相4
線式も採用されている。

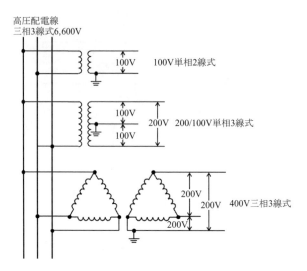

図 3–23　低圧電気方式

(3)　電力需要の特性

　　配電系統は電力需要の変動に応じて適切に拡張されるべきであり，そのために
は電力需要を必要な精度で想定する必要がある。一般に配電系統に接続され
る電力需要は以下の種類に大別でき，それぞれ**表 3–5** に示す特徴を有する。昔
はすべての電力需要を精度よくリアルタイムで計測することができなかったの
で，このように電力需要の種類から需要の大きさを予測する必要があったが，
今後はスマートメータのさらなる普及により，リアルタイムで正確な電力需要
を把握できるようになるだろう。

　　また，配電系統に接続される電力負荷の性質を表すため，通常，以下の指標
を考慮し，配電系統の拡張・改修・運用計画が検討される。

(a)　負荷率（Load factor）

　　電力負荷は時々刻々変化しているが，負荷の変化をある考察期間（1 日，1 年
など）でグラフにしたものを負荷曲線という。1 日における負荷の変化を表し
たものは「日負荷曲線」と呼ばれ，1 年間の負荷の変化は「年負荷曲線」と呼

表 3–5　電力需要の種類と特徴

負荷の種類	特徴
電灯負荷	主として屋内電灯，門灯，街路灯など電気エネルギーを光エネルギーに変換して使用する負荷である。朝ならびに夕方から夜にかけてピークを持つ。一般住宅の電力需要を総称して電灯負荷と呼ぶこともある
動力負荷	電気エネルギーを機械的エネルギーに変換して使用する負荷である。工場の大型機器から家庭用の扇風機，掃除機なども動力負荷である
電熱負荷	電気エネルギーを熱エネルギーに変換して使用する負荷である。電子レンジ，電熱器などの電熱応用機器である。負荷力率はほぼ100%である
化学用負荷	電気エネルギーを化学作用に用いる負荷である。主として工場などでめっき，電気分解，アルミの製造などの負荷である
電子負荷	電力負荷の多くにはインバータや，重要負荷には無停電電源装置（UPS）が使用されている。これらの電子機器では，基本周波の整数倍の周波数を持つ高調波電流（特に第3高調波，第5高調波などの奇数高調波）を発生する。近年，これらのインバータ等による高調波が配電系統に与える悪影響が問題視されており，これらの抑制が重要となる

ばれる。**図 3–24** に日負荷曲線の例を示す。一般に夏季 14〜15 時付近に年間のピーク電力を記録する。

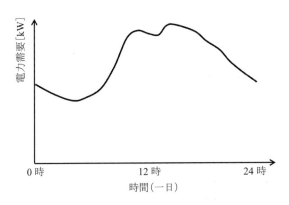

図 3-24　日負荷曲線の例

この負荷曲線の平坦さを表す指標として『負荷率』がある。負荷率の定義は以下の通りである。

$$負荷率 = \frac{考察期間内の平均電力}{考察期間内の最大電力} \times 100\,\%$$

(b)　需要率（Demand factor）

ある需要家が持つ電力負荷は，同時期にすべての負荷が使用されることはなく，設備されているすべての負荷容量の合計と，負荷曲線を眺めたうちでもっとも大きい需要電力との比を，『需要率』という。

$$需要率 = \frac{考察期間内の最大電力需要}{需要家に設置されているすべての負荷の合計} \times 100\,\%$$

(c)　不等率（Diversity factor）

ある配電用変圧器から需要家を見た際，その変圧器に接続されているすべての負荷は同時に最大電力需要とはならない。そこで，変圧器に接続される主としてバンクごとの最大電力需要が発生する時刻の時間的なずれを考慮した指標として，『不等率』が用いられる。

$$不等率 = \frac{各バンクの最大電力需要の合計}{変圧器全体の最大電力需要}$$

例題；*Let's active learning!*

3.12 次の日負荷曲線をもつ配電用変電所の負荷率を求めなさい。

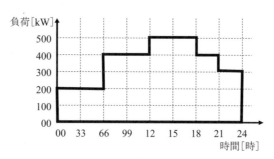

3.13 ある配電用変圧器には、最大電力がそれぞれ 4,500 W，3,500 W，および 2,500 W の 3 つの工場が接続されている。この配電用変圧器の不等率が 1.44 であるとき，変圧器に必要な設備容量 [VA] を求めなさい。ただし，力率は 1 とする。

例 題 解 答

3.12 与えられた日負荷曲線より，平均電力 = 362.5kW，最大電力 = 500kW であるから，定義に基づいて負荷率を計算すると，

$$負荷率 = 362.5/500 \times 100 = 72.5\%$$

3.13 不等率の定義に基づいて変圧器の最大需要電力を求めると，

$$最大需要電力 = \frac{各負荷の最大電力の総和}{不等率} = \frac{4,500 + 3,500 + 2,500}{1.44}$$
$$= 7,292 \text{ W}$$

であるから，力率が 1 であるから，必要な変圧器の容量は 7,292 VA となる。

3.3.2　配電線路の電気的特性

　配電線路の電気的特性は，基本的に 3.2 で述べた送電線路の場合と変わらないものの，負荷の取り扱いが送電系統と異なる場合がある。すなわち，送電線路は電力需要を有効電力および無効電力としていたが，一般に配電線路では電力負荷を電流負荷として扱うことが多い。また，配電線路の需要家に電力を供給する最終段にあるため，特に供給電圧や停電の頻度などの面については十分な検討が必要である。

(1)　集中負荷の配電線路の電圧降下と電力損失

　配電線路の末端に負荷が集中している場合，その線路の等価回路は 3.2 で述べた短距離送電線路の場合と同じである。すなわち，図 3–25 に示すように線

路に直列に線路抵抗と線路リアクタンスが接続された等価回路となる。ただし，図 3-25 は高圧三相 3 線式配電線の一相分の等価回路であり，送電端電圧を $\dot{E}_\mathrm{S}$，受電端の電圧を $\dot{E}_\mathrm{R}$，線路電流を $\dot{I}$，および線路のインピーダンスを $R + jX$ とする。このとき，電圧・電流の関係式は，

$$\dot{E}_\mathrm{S} = \dot{E}_\mathrm{R} + (R + jX)\,\dot{I}$$

となる。

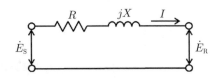

図 3-25　末端に負荷が集中している場合

　送電線路の場合には受電端電圧を位相の基準ベクトルとしていたが，配電の場合，電流ベクトルを位相基準とする方が一般的であるため，負荷電流と受電端電圧とのなす角を ϕ とすれば，上式は

$$\dot{E}_\mathrm{S} = E_\mathrm{R}e^{j\phi} + (R + jX)\,I$$
$$= E_\mathrm{R}\cos\phi + RI + j\,(E_\mathrm{R}\sin\phi + XI)$$

と書くことができ，厳密に送電端電圧の大きさを求めると，

$$E_\mathrm{S} = \sqrt{(E_\mathrm{R}\cos\phi + RI)^2 + (E_\mathrm{R}\sin\phi + XI)^2}$$

としなければならないが，通常，3.2 でも述べたように，

$$E_\mathrm{S} = E_\mathrm{R} + RI\cos\phi + XI\sin\phi$$

と近似計算をして差し支えない。

　したがって，送電端電圧と受電電圧との差，すなわち配電線路の一相分の電

圧降下は，

$$e = E_{\mathrm{S}} - E_{\mathrm{R}} = RI\cos\phi + XI\sin\phi = I\left(R\cos\phi + X\sin\phi\right) = IZ_{\mathrm{e}}$$

で計算できるから，線間電圧に直すと電圧降下は $\sqrt{3}e$ となる。ここで，$Z_{\mathrm{e}} = R\cos\phi + X\sin\phi$ として，これを送電線路の等価抵抗と呼ぶこともある。今，配電線一条の電力損失は，

$$P_{\mathrm{loss}} = RI^2 \ [\mathrm{W}]$$

で計算できる。なお，三相配電線の場合はこれを 3 倍する必要がある。

例題；*Let's active learning!*

3.14 単相動力負荷 1 kW（遅れ力率 0.8），および 30 W の電灯 25 個と 10 W の電灯 10 個の電灯負荷を使用する低圧需要家に，110 m 離れた柱上変圧器から単相 2 線式で電力を供給する。変圧器の二次側端子，および需要家引き込み口の電圧を，それぞれ 105 V，および 100 V にするために必要な引き込み線の太さを求めなさい。ただし，引き込み線のリアクタンスは無視できるほど小さく，太さ 1 mm^2，長さ 1 m の引き込み線の抵抗は 1/55 $[\Omega]$ とする。なお，電灯負荷の力率はすべて 1.0 である。

例 題 解 答

3.14 電灯負荷による電流は，

$$I_1 = \frac{30 \times 25 + 10 \times 10}{100} = 8.5 \ \mathrm{A}$$

動力負荷による電流の有効分は，

$$I_2\cos\theta_2 = \frac{1{,}000}{100} = 10 \ \mathrm{A}$$

であるから，需要家全体の有効電流は

$$I \cos \theta = I_1 + I_2 \cos \theta_2 = 8.5 + 10 = 18.5 \text{ A}$$

となる。

　したがって，リアクタンス成分を無視できるので，電圧降下の式より，

$$e = E_\mathrm{S} - E_\mathrm{R} = RI \cos \theta = \rho \frac{L}{S} I \cos \theta$$

だから，引き込み線の太さは，

$$S = \frac{\rho L I \cos \theta}{E_\mathrm{S} - E_\mathrm{R}} = \frac{\frac{1}{55} \times 2 \times 110 \times 18.5}{105 - 100} = 14.8 \text{ mm}^2$$

となる。

(2)　負荷が配電線路に分布している場合の電圧降下と電力損失

　一般に高圧配電線路には多くの柱上変圧器が接続されており，負荷が連続的に分布していると見なした方がより現実的な模擬となる。今，簡単のため**図 3–26**のように送電端からの距離に対してインピーダンスならびに負荷が一様に分布している配線線路を考える。

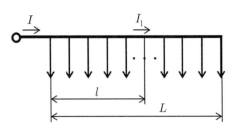

図 3–26　負荷が一様に分布している場合

　図 3–26 において，配電線の単位長さあたりのインピーダンスを $r + jx$ とすると，送電端から任意の l の地点において配電線に流れる電流 I_l（これを通過電流と呼ぶ），配電線路末端の電圧降下 v，および配電線路の電力損失 P_loss には以下の関係が成り立つ。ただし，配電線路の実長を L とし，負荷電流および

力率はすべて等しいものとする。する。

まず，送電端から任意の l の地点における通過電流 I_1 は，送電端における流出電流を I とすれば

$$I_1 = I \left(1 - \frac{l}{L} \right)$$

となる。したがって，送電端から任意の l の地点から微小距離 dl だけ離れた間の電圧降下 de は，

$$de = I_1 z_{\mathrm{e}} dl$$

であるから，送電端から配電線の末端までの電圧降下は，これを積分して求めると，

$$
\begin{aligned}
e &= \int_0^L de = \int_0^L I_1 z_{\mathrm{e}} dl = \int_0^L I \left(1 - \frac{l}{L} \right) z_{\mathrm{e}} dl \\
&= I z_{\mathrm{e}} \left[l \right]_0^L - I z_{\mathrm{e}} \frac{1}{L} \left[\frac{1}{2} l^2 \right]_0^L = I z_{\mathrm{e}} L - \frac{1}{2} I z_{\mathrm{e}} L = \frac{1}{2} I z_{\mathrm{e}} L = \frac{1}{2} I Z_{\mathrm{e}}
\end{aligned}
$$

となり，配電線末端に負荷が集中している場合に比べて電圧降下は半分となる。ただし，z_{e} は単位長さあたりの等価抵抗 $z_{\mathrm{e}} = r \cos \phi + x \sin \phi$ である。

一方，この微小区間における電力損失 dP は，

$$dP = I_1^2 r dl$$

であるから，同様に積分して配電線一条の電力損失を求めれば，

$$
\begin{aligned}
P_{\mathrm{L}} &= \int_0^L dP = \int_0^L I_1^2 r dl = \int_0^L I^2 r \left(1 - 2\frac{l}{L} + \frac{l^2}{L^2} \right) dl \\
&= I^2 r \left[l \right]_0^L - I^2 r \frac{2}{L} \left[\frac{1}{2} l^2 \right]_0^L + I^2 r \frac{1}{L^2} \left[\frac{1}{3} l^3 \right]_0^L \\
&= I^2 r L - I^2 r L + \frac{1}{3} I^2 r L = \frac{1}{3} I^2 r L
\end{aligned}
$$

となり，末端に負荷が集中している場合に比べて 1/3 の値となる。

負荷分布が一様ではない場合においても，上記と同様に計算することで，電圧降下，ならびに電力損失を求めることができる。たとえば，負荷が末端に向かって直線的に増加する負荷の場合には，以下のように求めることができる。

今，配電線末端の負荷電流を i_L とおけば，送電端から距離 l の地点の負荷電流 i_l は，

$$i_1 = i_L \frac{l}{L}$$

となるから，距離 l の地点の配電線に流れる通過電流 I_1 は，

$$I_1 = \int_l^L i_1 dl = \frac{i_L L}{2}\left(1 - \frac{l^2}{L^2}\right) = I\left(1 - \frac{l^2}{L^2}\right)$$

となる。ただし，I は送電端における流出電流であり，

$$I = \frac{i_L L}{2}$$

の関係がある。したがって，

・電圧降下 $e = \int_0^L I_1 z_e dl = \frac{2}{3} I z_e L$

・電力損失 $P_{\text{loss}} = \int_0^L I_1^2 R dl = \frac{8}{15} I R L$

と求めることができる。一方，負荷が末端に向けて直線的に減少する場合には，以下のように求めることができる。

今，配電端の負荷電流を i_0 とおけば，送電端から距離 l の地点の負荷電流 i_l は，

$$i_1 = i_0\left(1 - \frac{l}{L}\right)$$

となるから，距離 l の地点の配電線に流れる通過電流 I_l は，

$$I_1 = \int_l^L i_1 dl = \int_l^L i_0\left(1 - \frac{l}{L}\right) dl = i_0\left[l - \frac{1}{2}\frac{l^2}{L}\right]_l^L$$

$$= i_0 \left(L - \frac{1}{2}L - l + \frac{1}{2}\frac{l^2}{L} \right)$$

$$= \frac{i_0 L}{2} \left(1 - 2\frac{l}{L} + \frac{l^2}{L^2} \right) = I \left(1 - \frac{l}{L} \right)^2$$

となる。ただし，I は送電端における流出電流であり，

$$I = \frac{i_0 L}{2}$$

の関係がある。したがって，

・電圧降下 $e = \displaystyle\int_0^L I_1 z_e dl = \frac{1}{3} I z_e L$

・電力損失 $P_{\text{loss}} = \displaystyle\int_0^L I_1^2 R dl = \frac{1}{5} IRL$

となる。

　上記は配電用変電所から需要家に向かった一方向のみの電力潮流がある場合の解析である。しかしながら今後，複数の太陽光発電が配電系統に接続される場合が多くなるであろう。太陽光発電の出力が接続点の電力負荷よりも大きい場合には，太陽光発電から配電系統に潮流が流れ，これは逆潮流と呼ばれる。こうした逆潮流がある場合や，配電系統がネットワークを構成する場合の電圧降下や電力損失も上記の考え方を応用することに求めることができるが，本書では割愛する。読者の自学自習として計算して欲しい。

例題 : *Let's active learning!*

3.15 末端に行くほど直線的に負荷が大きくなる負荷が分布している配電線路がある。今，負荷の大きさを変えずに，配電線の末端のみから電力供給を行うように配電系統を変更した。供給点を変更したときの電力損失は，変更する前の何%となっているか求めなさい。

例 題 解 答

3.15 変更前を A，変更後を B とする。

　　状態 A の x 点における通過電流は，

$$I_\mathrm{X} = \int_x^L i_\mathrm{X} dx = \frac{i_\mathrm{L}L}{2}\left(1 - \frac{x^2}{L^2}\right) = I\left(1 - \frac{x^2}{L^2}\right)$$

である。ただし，i_X は送電端から距離 x の場所の負荷電流，i_L は送電端から距離 L の場所，すなわち，配線電の末端の負荷電流，I は送電端から流れ出る電流である。題意により，直線的に負荷が大きくなっているので，これらには，

$$i_\mathrm{X} = \frac{i_\mathrm{L}}{L}x, \quad I = \frac{i_\mathrm{L}L}{2}$$

の関係がある。したがって，電力損失は，

$$P_\mathrm{LA} = \int_0^L dP = \int_0^L I_\mathrm{X}^2 r dx = \int_0^L I^2 r\left(1 - 2\frac{x^2}{L^2} + \frac{x^4}{L^4}\right)dx$$

$$= I^2 r\,[x]_0^L - I^2 r\frac{2}{L^2}\left[\frac{1}{3}x3\right]_0^L + I^2 r\frac{1}{L^4}\left[\frac{1}{5}x^5\right]_0^L$$

$$= I^2 rL - \frac{2}{3}I^2 rL + \frac{1}{5}I^2 rL = \frac{8}{15}I^2 rL$$

となる。一方，状態 B では，x 点における通過電流 I_X' は，

$$I_\mathrm{X}' = \int_0^x i_\mathrm{X} dx = \int_0^x I_\mathrm{L}\frac{x}{L}dx = \frac{I_\mathrm{L}}{2L}x^2 = I\frac{x^2}{L^2} \quad \because I = \frac{I_\mathrm{L}L}{2}$$

（もちろん，$I_\mathrm{X}' = I - I_\mathrm{X} = I\dfrac{x^2}{L^2}$ と求めてもよい。）

である。ただし I_X と I_X' の向きは反対方向であることに注意する。したがって電力損失は，

$$P_\mathrm{LB} = \int_0^L dP = \int_0^L I_\mathrm{X}'^2 r dx = \int_0^L I^2 r\frac{x^4}{L^4}dx = \frac{I^2 r}{L^4}\int_0^L x^4 dx$$

$$= \frac{I^2 r}{L^4} \times \frac{1}{5}\left[x^5\right]_0^L = \frac{1}{5}I^2 rL$$

となる。これの比をとれば，

$$\frac{P_{\mathrm{LB}}}{P_{\mathrm{LA}}} \times 100 = \frac{\frac{1}{5}I^2 rL}{\frac{8}{15}I^2 rL} \times 100 = \frac{3}{8} \times 100 = 37.5 \ \%$$

となる。

(3)　力率の改善

　誘導電動機は定格負荷付近では力率は大きいものの，軽負荷時の力率は非常に小さい。上記のように配電線路の電圧降下ならびに電力損失は電流の大きさに大きく依存するため，負荷の力率はなるべく大きい方がよい。そのため，大規模な需要家には負荷に並列に力率改善用コンデンサを設置することで配電系統に進相電流を供給して見かけ上の需要家の力率を上げる方法がある。しかしながら，きわめて軽負荷の場合には需要家の力率が進み力率となり，3.2.2で学んだフェランチ効果の原因となることもある。

(4)　配電電圧の調整

　配電系統は需要家に直接電力を供給するシステムであり，3.2.1 (3) で述べた供給電圧の範囲で電力を供給するために，配電電圧の管理・制御は非常に重要である。しかしながら，上記のように配電線路の電圧降下は負荷の変動に伴って大きく変化するため，配電電圧を規定値の範囲に維持するために，現状では主として次の方法で配電線電圧を調整している。配電用変電所では**負荷時タップ切換変圧器**（**Load ratio transformer**, **LRT**）や負荷時電圧調整器で配電線の送出電圧を制御する。この場合，母線の電圧を一括して制御することになるため，異なる負荷特性を持つ複数のバンクが接続されているような変電所では，フィーダごとに電圧調整器を設けてフィーダ電圧を個別に制御する方法もあるが，費用がかかるため，あまり利用されていない。通常，配電用変電所では送出電圧と変電所から流れ出る電流のみを用いて LRT を制御する。その制御には配電線路のインピーダンスと等価なインピーダンスを用いて配電線路の電

圧降下を模擬できる**線路電圧降下補償器（Line drop compensator, LDC)**が利用されているが，近年，センサ付配電用区分開閉器が開発されており，高速な情報通信を行うことにより，より柔軟な配電電圧の調整が可能となっている。比較的長い配電線路の場合には，配電線路の途中に**自動電圧調整器（Step voltage regulator, SVR)**を設置するなどして電圧を許容範囲に維持している。

　しかしながら，今後，配電系統の末端側に多くの太陽光発電のような出力の不安定な電力源が接続される場合，配電線路の電圧は非常に複雑となる。このことも新しい電力流通システムが必要とされるひとつの要因である。

▶▶ 章末問題にチャレンジ！ ⇒ 3-18〜3-23

3.4　変電

　変電は，発電所で発電された電力を効率よくかつ確実に需要家へ届けるためのさまざまな制御のために必要な設備であり，併せて電力系統に異常が生じた時に，系統を保護するためのシステムを有している。これらは，電力系統を安定的にかつ効率よく運用するために必要不可欠である。

3.4.1　変電の役割と構成

(1)　変電所の役割

電力系統における変電の主な役割を以下に列記する。

(a) 送電電圧の異なる複数の送電線を集結し，変圧器によって電圧の昇降圧を行う。

　　送電線は，発電所で発生させた電力を需要家へ効率よく届けるため，さまざまな電圧が用いられることは既に述べた。そのため変電所において，異なる電圧の送電線を集結し，電圧を変換する変圧器を用いて，昇降圧を

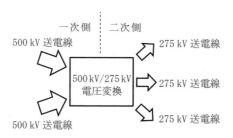

図 3-27　変電所の電圧変換（昇降圧）の概念

（注意：二次側に 220kV あるいは 187kV が使用される地域がある）

行う。**図 3-27** に，超高圧変電所の場合の概念図を示す。

(b) 開閉器の操作によって各送電線における電気の流れ [*4)] を制御する。

　　必要な送電電力は時々刻々と変化し，それに伴って発電所での運転量も
変化する。電気の流れの制御は，各発電所での発電出力の制御と，変電所
における開閉操作，また後に述べる調相設備などによって行われる。各送
電線の送電効率と定格，発電所の発電効率と定格などを総合的に勘案し，最
適な電気の流れとなるように制御される。

(c) 雷などに由来する過電圧や過電流を検出し，避雷器や遮断器を用いて適切
に送電系統を保護する。

　　送電線は大半が架空設備であり，自然環境にさらされている。このため
雷などの外来の要因によって，過電圧や過電流が発生し，電力機器の損傷
や故障に至る可能性がある．このことから，過電圧や過電流を電圧，電流
センサによって検出し，保護装置を機能させることで，電力系統の保護を
行う。

(d) 3.2.4 で学んだように，地絡などの故障点を検出し，保護継電器（保護リ
レー）による故障判定を用いて送電系統から適切かつ確実に切り離す。

(e) 3.2.3 で学んだように，送電線における電圧を維持するため，調相設備を用
いて無効電力制御を行う。

---

*4) 電力システムの中で，有効電力だけでなく無効電力がどのように伝わるかを考える必要が
　ある

(f) 3.2.5 で学んだ直流送電を行うため，交直変換所においては，交流から直流
またはその逆の変換を行う。

　このように，変電所の役割は多岐にわたり，またそのため変電所には多
くの機器が設置される。これらの機器は，電力系統を安定に運用するため
に必要不可欠なものであり，高い信頼性が要求される。

(2)　変電所の構成

　上記のように，変電所には多種多様な機能が求められ，これに必要な設備も
多岐にわたる。**図 3–28** に変電所の構成を示す。以下，主要な設備について述
べる。

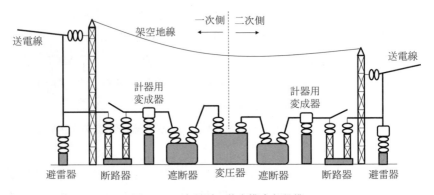

図 3–28　変電所の基本構成と設備

(a)　変圧器

　変圧器（Transformer）は，変電所のもっとも重要な機器のひとつであり，特
に高い信頼性が求められるため，過電圧や過電流から保護する必要性の高い機
器である。変圧器の外観を**図 3–29** に示す。

　変圧器の主要な役割は，交流電圧の変換（昇降圧）である。また，交直変換
所では，その設備構成上，高電圧の交流と直流が両方同時に加わるため，両者
に対して高い絶縁性を有する交直変換用変圧器が用いられる。

　3.2.4 で学んだように，Y 型結線の変圧器の中性点は通常直接接地または抵抗

図 3–29　変圧器（超高圧変電所用）

（提供：東京電力ホールディングス株式会社）

接地され，過電圧の抑制とともに接地線に流れる電流を検出して送電線に生じるさまざまな故障の検出を行う。また変圧器に含まれるインピーダンス（漏れインピーダンス）は，送電系統に含まれる主要な直列インピーダンス成分となり，これによる故障電流の抑制の役割（安定度とのバランスで最適値が存在する）を担うことになる。

　変圧器内部構造は，電気絶縁と冷却を兼ねて，一般的に油と紙を組み合わせて用いられるが，火災の発生が深刻な被害をもたらす地下変電所などでは，ガスを主絶縁とするガス絶縁変圧器が用いられることも多い。

　なお，変圧器においては，動作原理，等価回路を用いた特性計算なども重要な項目であるが，これらについては電気機器の教科書を参照してほしい。

(b)　遮断器

　遮断器（**Circuit breaker, CB**）は，負荷電流や故障によって生じた過電流を高速に遮断する（電流を切る）機能を有するものである。特に過電流は機器や電線の損傷，また電力系統の不安定性に直結することから，一般的には過電流を検出してから数サイクル（2〜3サイクル）で遮断する機能を有する。また，高速再閉路により，故障が除かれた後すばやく（およそ1秒以内）自動的

に送電系統を復旧するための機能も有する。このように遮断器は過電流から送電線や変電機器を保護するためのものであり、**図 3-30** に示すように、保護対象機器に直列に接続して用いられる。また、系統切り替えにおいては負荷電流を遮断する必要があり、ここでも遮断器が用いられる。

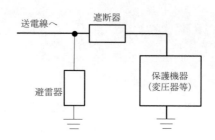

図 3-30　遮断器・避雷器による変電機器の保護

(c)　断路器，接地装置

　断路器（**Disconnector**）は、開閉機器のひとつであり、送電線を電力システムから切り離すのに用いられる。負荷電流や故障電流を断路器で切ることはできないため、負荷電流や故障電流の遮断を行う場合は、遮断器を開いてこれらの電流を除いてから（電圧は加わっている状態で）断路器を開くことになる。また、断路器の開くタイミングによって、切り離した導体に電圧が残留することがあるので、接地装置（**Earthing switch**）を用いて残留電圧を除く。

(d)　避雷器

　避雷器（**Surge arrester**、単に **Arrester** ともいう）は、雷や開閉操作により、電力システム内に生じる過電圧から変電機器を保護するためのものである。避雷器は、**図 3-31** に示すような電圧・電流特性を有している。過電圧から保護するメカニズムは、電子回路で用いるツエナーダイオードと同じであり、図 3-31 の場合、避雷器は V_C 以上の電圧が加わらないため、図 3-30 に示すように、避雷器と並列に接続された機器を過電圧から保護することができる。

　ある値を超える電圧が加わると、素子の等価インピーダンスが急激に低下す

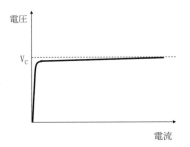

図 3–31　避雷器の電圧電流特性

る特性を有するため，電流が急増し電圧の増加を抑制することができる。避雷器には**酸化亜鉛**（ZnO）を用いた酸化亜鉛型避雷器が多く用いられる。

(e)　VT，CT

　計器用変圧器（**Voltage transformer，VT**），計器用変流器（**Current transformer，CT**）は，通常運転時の電圧や電流の測定を行うためにも用いられる他，過電圧や過電流の検出に用いられる。いわば過電圧，過電流センサの役割であり，継電器（リレー）とともに保護装置の主要な構成要素となる。VT，CT は，巻線型の他，特殊な光学素子や光ファイバを用いたタイプも用いられている。

(f)　ガス絶縁開閉装置

　ガス絶縁開閉装置（**Gas insulated switchgear，GIS**）は，高気圧 SF_6 ガスを封入した圧力容器の中に，遮断器，断路器，接地装置，VT，CT，母線，避雷器等を一体化した構造としたものである。SF_6 ガスは，同じ圧力で，空気の 3 倍の絶縁性能を有し，圧力を高めることでさらに絶縁性能を向上できる。このため，上記の各種高電圧機器をコンパクトな空間に収めることができ，変電所の用地の有効利用に貢献している。特に，用地取得コストが高価で，周囲環境との調和が求められる都市部や地下変電所において，GIS の導入が進められている。

(g)　調相設備

3.2.3 で示したように，送電線において無効電力制御を行うため，さまざまな調相設備が変電所に設けられる。特に長距離送電線に接続される変電所では，調相設備による電圧調整の果たす役割は非常に重要である。

(h)　継電器（リレー）

継電器（リレー，Relay) は，CT によって過電流を検出した場合に，故障点や故障状態の判定を行い，必要に応じて保護に必要な信号を出力する回路である。最近では，マイクロ CPU によって演算を行い，遮断指令を出力するディジタルリレーを用いるのが一般的となっている。

この他に，変電所においては，中性点接地や交直変換についても重要な要素であるが，これらについては別項（3.2.4，3.2.5）で述べているのでここでの説明は割愛する。

以上から，変電所の機能と用いられる機器の関係についてまとめたものを**表 3–6** に示す。

3.4.2　変電所における電力システム保護と運用

変電所の重要な機能のひとつに，電力システムの状態を健全に保つための各種保護が挙げられる。このためには，送電や配電の設備構成や運用を考慮して，保護システムを構築する必要があり，送電，配電，変電をトータルで考える，システム的なアプローチが求められる。このようなアプローチを経て，3.2.4 で述べた保護継電システムが実現されるが，ここでは継電システムを構築する上で必要となる過電圧・過電流保護の考え方について学ぶ。

表 3-6　変電所の機能と変電機器の関係

	電圧変換	潮流制御	系統保護	故障判定	電圧維持	交直変換
変圧器	○					
遮断器		○	○			
断路器		○				
避雷器			○			
VT・CT				○		
GIS		○	○			
調相設備		○			○	
交直変換装置						○
リレー				○		
中性点接地			○			

(1)　過電圧保護と絶縁協調

　通常の運転時においても，電圧変動は常に生じるが，通常運転で想定される電圧変動の幅を超えて電圧が上昇することがあり，これが**過電圧（Overvoltage）**と呼ばれるものである。過電圧には，交流運転時に発生する短時間過電圧，断路器や遮断器の開閉操作に伴い過渡的に発生する開閉サージ過電圧 (**Switching surge overvoltage**)，雷が原因となって発生する雷サージ過電圧 (**Lightning surge overvoltage**) がある。短時間過電圧には，1 線地絡時に発生する健全相電圧上昇やフェランチ効果，増磁作用などがある。開閉サージ電圧には，TRV，VFTO などがある。雷サージ電圧には，直撃雷，誘導雷，逆フラッシオーバに伴い発生するさまざまなサージ電圧がある。

　これらの過電圧は，通常運転時には発生せず，大半は雷発生など突発的な現象である。このようにまれにしか発生しない（発生確率の小さい）過電圧のすべてに対して損傷を受けない電力機器を製作することは，合理的とは言えない。そこで，突発的に発生する開閉サージ，雷サージ電圧に対しては，保護機器に並列に避雷器を接続することで，保護機器に加わる電圧を抑制し，それ以外の過電圧に対しては機器単体で絶縁破壊による損傷を受けないようにしている。こ

のように，発生しうる過電圧のレベルに対して，機器の絶縁性能と避雷器の性能を適切に組み合わせることで，より合理的な絶縁設計を目指す考え方を，**絶縁協調（Insulation coordination）**と呼ぶ。絶縁協調は，信頼性を維持しつつ合理的な電力システムを実現するために重要な考え方であるといえる。

(2)　過電流保護と保護協調

　過電流保護を行うためには，3.2.4 で述べた保護継電システムにより，過電流を検出する電流センサ，検出された信号から，過電流の原因となる地絡点などを特定する故障判定回路，そして電流を遮断する遮断器の 3 つの動作の協調をとる必要がある。特に，故障電流は送電線の構成や地絡形態，接地方式に大きく依存するため，これらを考えた保護継電システムを構築していく必要がある。また，さまざまな保護継電方式を組み合わせて使用し，かつこれらの協調をとることにより，過電流保護の精度を高める必要がある。

▶▶ 章末問題にチャレンジ！ ⇒ 3-23

3.5　まとめ

　本章では，送電，配電，変電の各項目について学んできた。送電，配電，変電は，発電所でつくられた電力を需要家に届けるための設備であるが，その運用を適切にかつ合理的に行うために，さまざまな技術が用いられていることが理解できたであろう。以下に，上で述べた内容をまとめた。

○ 送電，変電，配電では，多くの電圧が用いられており，変電所における変圧器を介して電圧変換が行われる
○ 送電，変電，配電の各設備には，架空（屋外）と地中（地下）の 2 種類が主に用いられている
○ 送電システムではさまざまな電圧が用いられ，それは公称電圧として定め

られている

○ 電力品質として，停電が少ない，電圧が一定，周波数が一定が挙げられ，そのためのさまざまな技術が電力システムで用いられている

○ 電力システムの経済的運用のひとつとして，経済負荷配分の考え方があり，具体的な計算を行った

○ 送電線の等価回路の表し方と，これを用いた電圧，電流計算を行った

○ 電力円線図とは何か，またこれを用いた無効電力制御の必要性と考え方を学んだ

○ 各種中性点接地方式の特徴比較を行った

○ 直流送電の意義と利点について学んだ

○ 用いられている配電方式を学んだ

○ 配電線の電気特性について学ぶとともに，計算を行った

○ 変電には，電圧の変換，潮流制御，無効電力制御，電力系統の保護など多くの機能がある

○ 過電圧から電力システムを保護するために，避雷器が用いられる。避雷器の保護レベルを設定するため，絶縁協調と呼ばれる考え方を用いる

○ 過電流から電力システムを保護するために，遮断器が用いられる。遮断器による保護を適切に行うため，保護継電システムの協調が求められる

章 末 問 題

3–1 磁器がいしとポリマーがいしの長所をそれぞれ述べよ。

3–2 送電と配電の違いについて述べよ。

3–3 変電所には，屋外，屋内，地下に設置されるものがある。それぞれどのような特徴を有するか。

3–4 C-GIS とはどのようなものか，またどのような特徴を有するかを説明せよ。

3–5 電力系統の需給バランスの制御方法に関して，横軸を負荷変動の周期，縦

軸を負荷変動幅としたグラフをつくり，その概要を述べなさい。

3-6　3 台の火力発電機が，負荷 210 MW に経済負荷配分の法則にしたがって電力を供給している。各発電機の出力燃料費特性と出力上下限制約は，P_1，P_2，および P_3 を [MW] 単位で表したとき，次の通りとなる。このとき，各発電機の経済的配分出力を求めなさい。

$$G_1 : F_1 = 8{,}000 + 800P_1 + 5P_1^2 \ [\text{円/h}]$$

$$G_2 : F_2 = 12{,}000 + 720P_2 + 6P_2^2 \ [\text{円/h}]$$

$$G_3 : F_3 = 16{,}000 + 600P_3 + 15P_3^2 \ [\text{円/h}]$$

$$\begin{cases} 20 \le P_1 \le 80 \\ 50 \le P_2 \le 100 \\ 20 \le P_3 \le 70 \end{cases}$$

3-7　3.2.2 で述べた，電線半径 r [m]，電線間の幾何学的平均距離 D [m] の電線 1 条の単位長さあたりのインダクタンス L [mH/km]，および電線間のキャパシタンス C [μF/km] が

$$L = 0.05 + 0.4605 \log_{10}\left(\frac{D}{r}\right) \ [\text{mH/km}]$$

$$C = \frac{0.02413}{2\log_{10}\left(\frac{D}{r}\right)} \ [\mu\text{F/km}]$$

で求められることを示しなさい。

3-8　右の回路の F パラメータを定義に基づいて求めなさい。ただし Z はインピーダンス，Y はアドミタンスであり，$\dot{Z} \ne \dfrac{1}{\dot{Y}}$ である。

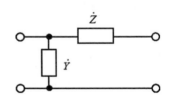

3-9　長距離送電線路の F パラメータが，

$$\begin{bmatrix} \dot{A} & \dot{B} \\ \dot{C} & \dot{D} \end{bmatrix} = \begin{bmatrix} \cosh(\dot{\gamma}l) & \dot{Z}_0 \sinh(\dot{\gamma}l) \\ \dfrac{1}{\dot{Z}_0}\sinh(\dot{\gamma}l) & \cosh(\dot{\gamma}l) \end{bmatrix}$$

となることを示しなさい。ただし，$\dot{\gamma}$ は分布定数回路の伝搬定数，$\dot{Z}_0$ は特性インピーダンスである。

3-10 110kV，100km の三相送電線において，電線 1 条の線路リアクタンスが 2.1Ω/km であり，これ以外の線路定数が無視できるとき，次の問に答えよ。

(1) この送電線路の等価回路を書き，四端子定数を求めなさい。

(2) 無負荷に送電端に 110kV を印加したときの受電端電圧を求めなさい。

(3) 受電端電圧が 100kV のとき，遅れ力率 0.9 の負荷 20MW を接続した。このときの送電端電圧，送電端電流，および電圧変動率を求めなさい。

3-11 受電端電圧が 22 kV の三相 3 線式送電線路において，受電端での電力が 2,000 kW（遅れ力率 0.8）である場合，この送電線路での全電力損失 [kW] を求めなさい。ただし，送電線 1 線あたりの直列インピーダンスは $8.0 + j12.0$ [Ω] であり，並列アドミタンスは無視できるほど小さいものとする。

3-12 送電端および受電端の線間電圧がそれぞれ 240 kV および 220 kV である三相 1 回線送電線路がある。ただし，電線 1 条の線路リアクタンスは $j40$ Ω であり，その他のインピーダンスは無視できるものとする。次の問に答えなさい。

(1) 送電端および受電端円線図を描きなさい。

(2) この送電線路の最大受電電力を求めなさい。

3-13 直列リアクタンスが $j50$ Ω，それ以外の線路抵抗が無視できる三相送電線路がある。この送電線の送電端電圧を 160 kV，受電端電圧を 154 kV に維持して，負荷に電力を供給したい。次の問いに答えなさい。

(1) 線路の四端子定数を求めなさい。

(2) 三相分の受電端円線図の中心座標と半径を求めなさい。

(3) 三相分の受電端円線図を描きなさい。

(4) 受電端に 300 MW の抵抗負荷を接続したとき，必要な調相容量と送電端電圧の相差角 θ を求めなさい。

(5)　(4) で必要とする調相設備は，コンデンサ or コイル，のどちらか答えなさい。

(6)　調相設備を必要としないのは負荷に何 [MW] の抵抗負荷が接続されたときか答えなさい。

3–14　こう長 100 km の 1 回線三相送電線路がある。送電線 1 条の抵抗は 0.2 Ω/km，リアクタンスは 0.5 Ω/km である。今，受電端の負荷が遅れ力率 80 ％で 30,000 kW を消費するとき，送電端電圧を 77 kV，受電端電圧を 70 kV に保つために必要な調相容量（三相分）を求めなさい。

3–15　変圧器の三相結線には結線および Y 結線がある。送配電システムにおいては，一般に昇圧変圧器は △ − Y 結線，降圧変圧器には Y − △ 結線，負荷用変圧器には △ − △ 結線が用いられるが，Y − Y 結線が用いられることは少ない。その理由を述べなさい。

3–16　送配電システムにおいて，負荷が非常に軽い時間帯では，送電端電圧の大きさよりも受電端電圧の大きさの方が大きくなる現象が発生することがある。この現象の名称，ならびにその原因および対策について述べなさい。

3–17　送配電システムにおける故障の原因について，送電と配電に分けて調べてみよう。

3–18　負荷設備容量の合計が 800 kW，需要率が 50 ％の需要家がある。この需要家のある 1 日の使用電力量が 4,800 kWh であったとき，この 1 日の負荷率を求めなさい。

3–19　右図に示す 2 つの需要家群があり，各需要家の需要率はすべて 0.55，同じ変圧器に接続されている需要家相互間の不等率がいずれも 1.25，変圧器相互間の不等率が 1.35 である。このとき，フィーダの合成最大需要電力を求めなさい。ただし，負荷はすべて電灯負荷（力率 1.0）であるとする。

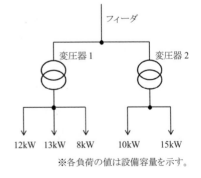

3-20 右図（a）のように2
群の負荷からなる配
電系統において，各
負荷群の1日の負荷
曲線が図（b）のよう
なとき，次の問に答
えなさい。

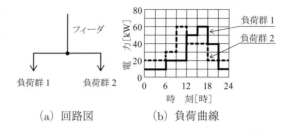

（a）回路図　　　（b）負荷曲線

(1) フィーダの最大需要負荷

(2) 負荷群1と負荷群2との不等率

(3) フィーダの平均電力

(4) フィーダの負荷率

3-21 単相2線式配電線路において，受電端電圧が 3,000 V，負荷が 240 kW（力率遅れ 0.8）である。送電端から受電端までの電線1本のインピーダンスは $1.0 + j0.5$ Ω である。配電端電圧と線路損失を求めなさい。

3-22 200 V，50 Hz，力率 85 %，効率 87 %の 7.46 kW（機械的出力）で動いている三相誘導電動機には，電動機から 150 m だけ離れた地点から配電線で電力が供給されている。配電線の電圧（線間電圧）はいくらにすればよいか求めなさい。ただし，配電線のインピーダンスは1線あたり $0.0944 + j0.0506$ Ω であるとする。

3-23 下図の単相配電線において，配電線末端の電圧降下，および全配電損失を求めなさい。ただし，インピーダンスは往復2線の合計値である。

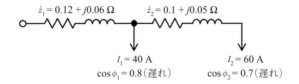

3-24 以下の空欄にあてはまる言葉を答えよ。

　　　断路器は，交流電圧を加えたときに生じる（ a ）電流を切る能力はあるものの，通常運転時に流れる（ b ）電流や，雷撃などで生じる（ c ）電流を切る能力はもたないため，これらの電流を切る時は（ d ）を用いる。

章 末 問 題 解 答

3-1 磁器がいしは，無機物であり劣化がほとんどない。

　　ポリマーがいしは軽量，撥水性があり，汚損に強い。

3-2 配電は，需要家に直接つながる部分。送電は，発電所と変電所の間や，変電所相互間などを結ぶ部分。

3-3 屋外：天候の影響を受けやすい。気中絶縁も使用できる。建設費は一番安い。

　　屋内：天候の影響を受けにくい。変電機器のコンパクト化（GIS など）を使う必要がある。建設費が比較的高い。

　　地下：敷地の有効利用がはかれる。建設費が高い。GIS を用いる必要がある。

3-4 絶縁に気体と固体絶縁物を利用した，固体絶縁スイッチギア。通常，箱形の接地容器の中に，開閉器や接地装置，センサなどを収納して用いる開閉装置。負荷電流や事故電流を遮断する遮断装置には真空遮断器を使用し，容器内の絶縁には絶縁気体（乾燥空気や窒素等）や固体を用いる。77kV 以下の設備に比較的多く使用される。

3-5

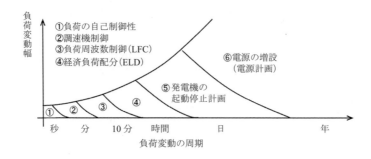

（概要説明は省略）

3–6 まず上下限制約を考慮せずに ELD を解くと,

$$\text{最小化}\ L = \sum_{i=1}^{n} F_i + \lambda \left(P_\mathrm{L} - \sum_{i=1}^{n} P_i \right)$$
$$= F_1 + F_2 + F_3 + \lambda \left(P_\mathrm{L} - P_1 - P_2 - P_3 \right)$$

したがって,

$$\frac{\partial L}{\partial P_1} = \frac{dF_1}{dP_1} - \lambda = 800 + 10P_1 - \lambda = 0$$
$$\frac{\partial L}{\partial P_2} = \frac{dF_2}{dP_2} - \lambda = 720 + 12P_2 - \lambda = 0$$
$$\frac{\partial L}{\partial P_3} = \frac{dF_3}{dP_3} - \lambda = 600 + 30P_3 - \lambda = 0$$
$$\frac{\partial L}{\partial \lambda} = P_\mathrm{L} - P_1 - P_2 - P_3 = 210 - P_1 - P_2 - P_3 = 0$$

の連立方程式を解けばよい。

すなわち,

$$\begin{cases} 10P_1 - \lambda = -800 \\ 12P_2 - \lambda = -720 \\ 30P_3 - \lambda = -600 \\ P_1 + P_2 + P_3 = 210 \end{cases}$$

の連立方程式を解けば,

$$P_1 = 90.8\ \text{MW},\ P_2 = 82.3\ \text{MW},\ P_3 = 36.9\ \text{MW},$$
$$\lambda = 1{,}708\ \text{円/MWh}$$

となる。しかしながら,この出力配分は発電機 1 が上限制約を違反しているため,$P_1 = 80$ MW に固定して,再度 ELD 問題を解く,すなわち,

$$\begin{cases} 12P_2 - \lambda = -720 \\ 30P_3 - \lambda = -600 \\ P_2 + P_3 = 130 \end{cases}$$

の連立方程式を解けば，

$$P_1 = 80 \text{ MW}, \ P_2 = 90 \text{ MW}, \ P_3 = 40 \text{ MW}, \ \lambda = 1{,}800 \text{ 円/MWh}$$

が得られる。

3–7 [インダクタンス]

　線路のインダクタンスを求めるために，まず，半径 r[m] の導体 1 本の磁束鎖交磁束数を次のように求める。

(1) 電線外部の磁束鎖交数

　今，電線に I [A] の電流が流れているとき，アンペアの周回積分の定理により，電線の中心から x [m] $(x > r)$ 離れた場所の電流の方向と直角方向の磁界は，

$$H_{\text{X}} = \frac{I}{2\pi x} \ [\text{A/m}]$$

となる。電線が空気中に置かれているとすれば，磁束密度は，

$$B_{\text{X}} = \mu_0 H_{\text{X}} = \frac{\mu_0 I}{2\pi x} = \frac{4\pi \times 10^{-7}}{2\pi x}I = \frac{2}{x}I \times 10^{-7} \text{ T}$$

したがって，長さ 1 [m] の円筒の断面 $1 \times dx$ [m^2] を通過する磁束は，

$$d\phi_{\text{X}} = B_{\text{X}}dx = \frac{2}{x}I \times 10^{-7}dx \ [\text{Wb}]$$

となる。電線表面から半径 S [m] の範囲の磁束は，すべて電線と鎖交するから，全磁束鎖交数は，

$$\Phi_0 = \int_r^S d\phi_{\text{X}} = \int_r^S \frac{2}{x}I \times 10^{-7}dx = 2I \times 10^{-7}\ln\frac{S}{r} \ [\text{Wb}]$$

となる。

(2) 電線内部の磁束鎖交数

　電流 I [A] が電線の断面に一様に分布して流れているとき，電線の中心から x [m] $(x < r)$ 離れた円の内部の電流は，

$$I_{\mathrm{X}} = \frac{x^2}{r^2} I \ [\mathrm{A}]$$

となる。今，この電流が電線の中心に流れているとすれば，電線の中心から x [m] $(x < r)$ の場所の磁束は，

$$H_{\mathrm{X}} = \frac{I_{\mathrm{X}}}{2\pi x} = \frac{x}{2\pi r^2} I \ [\mathrm{A/m}]$$

となり，磁束密度は

$$B_{\mathrm{X}} = \mu_0 \mu_{\mathrm{S}} H_{\mathrm{X}} = \frac{\mu_0 \mu_{\mathrm{S}} I}{2\pi r^2} x = \frac{4\pi \times 10^{-7}}{2\pi r^2} Ix = \frac{2I}{r^2} x \times 10^{-7} \ [\mathrm{T}]$$

となる。ただし，電線として用いられるアルミ線や銅線の比透磁率 μ_{S} は 1 と扱っても差し支えない。

厚さ dx [m]，長さ 1 m の円筒の断面 $1 \times dx$ [m^2] を通る磁束は，円筒内部の電線のみと鎖交するから，電線内部の磁束鎖交数は，

$$\Phi_{\mathrm{i}} = \int_0^r \frac{x^2}{r^2} B_{\mathrm{X}} dx = \int_0^r \frac{x^2}{r^2} \frac{2I}{r^2} x \times 10^{-7} dx = \frac{2I}{r^4} \int_0^r x^3 dx \times 10^{-7}$$
$$= \frac{I}{2} \times 10^{-7} \ \mathrm{Wb}$$

となる。

したがって，電流 I [A] が流れる電線内外における 1 m あたりの全磁束鎖交数は，

$$\Phi = \Phi_0 + \Phi_{\mathrm{i}} = \left(\frac{I}{2} + 2I\ln\frac{S}{r} \right) \times 10^{-7} \ \mathrm{Wb}$$

となる。

(3) 往復 2 線のインダクタンス

今，電線間隔が D[m] の 2 電線 a，b が並行に張られており，電線 a に電流 I[A]，電線 b には電流 $-I$[A] が流れている状態を考える。電線 1 m あたりの電線 a に流れる電流による磁束と電線 a との磁束鎖交数は，前述の (1)，(2) から，

$$\Phi_{\mathrm{aa}} = \left(\frac{I}{2} + 2I\ln\frac{S_{\mathrm{a}}}{r} \right) \times 10^{-7} \ \mathrm{Wb}$$

となる。つぎに，電線 b に流れる電流による磁束と電線 a との磁束鎖交数は，上述の（1）より，

$$\Phi_{\mathrm{ab}} = -2I\ln\frac{S_{\mathrm{b}}}{D-r} \times 10^{-7} \ \mathrm{Wb}$$

となる。電線 a，b から距離 S_{a}，S_{b} が等しくなるような遠点を考え，電線半径 r は電線間隔 D に比べて非常に小さい場合，すなわち，$S_{\mathrm{a}} = S_{\mathrm{b}} = S \gg D \gg r$ とみなすと，電線 1 m あたりの電線 a の全磁束鎖交数は，

$$\Phi_{\mathrm{a}} = \Phi_{\mathrm{aa}} + \Phi_{\mathrm{aa}} = \left(\frac{I}{2} + 2I\ln\frac{S_{\mathrm{a}}}{r} - 2I\ln\frac{S_{\mathrm{b}}}{D-r} \right) \times 10^{-7}$$
$$= \left(\frac{1}{2} + 2\ln\frac{D}{r} \right) I \times 10^{-7} \ \mathrm{Wb}$$

となる。したがって電線 a の長さ 1 m あたりのインダクタンスは，

$$L_{\mathrm{a}} = \frac{\Phi_{\mathrm{a}}}{I} = \left(\frac{1}{2} + 2\ln\frac{D}{r} \right) \times 10^{-7} \ \mathrm{H/m}$$

自然対数を常用対数に変換して単位を変えると，

$$L_{\mathrm{a}} = 0.05 + 0.4605\log_{10}\frac{D}{r} \ [\mathrm{mH/km}]$$

となる。

[キャパシタンス]

電線間隔が D [m] で半径が r [m] の 2 本の電線 a，b が並行に張られており，単位長さあたりそれぞれ $+Q$ [C]，$-Q$ [C] の電荷が電線表面に存在している状況を考える。

このとき，電線 a から距離 x [m] $(x < D)$ の点の電界は，ガウスの定理より，

$$E_{\mathrm{X}} = E_{\mathrm{a}} - E_{\mathrm{b}} = \frac{Q}{2\pi\varepsilon_0 x} - \frac{-Q}{2\pi\varepsilon_0 D-x)} = \frac{Q}{2\pi\varepsilon_0}\left(\frac{1}{x} + \frac{1}{D-x} \right)$$

$$= 2Q \left(\frac{1}{x} + \frac{1}{D-x} \right) \times \frac{1}{4\pi\varepsilon_0} = 2Q \left(\frac{1}{x} + \frac{1}{D-x} \right) \times 9 \times 10^9 \ \text{V/m}$$

となる。ここで，電線 a，b の電位差を求めると，

$$V_{ab} = \int_r^{D-r} E_X dx = 2Q \times 9 \times 10^9 \int_r^{D-r} \left(\frac{1}{x} + \frac{1}{D-x} \right) dx$$

$$= 2Q \times 9 \times 10^9 \left(\ln\frac{D-r}{r} - \ln\frac{r}{D-r} \right) \cong 4Q \times 9 \times 10^9 \ln\frac{D}{r}$$

となる。したがって長さ 1 m あたりの静電容量は，

$$C_{ab} = \frac{Q}{V_{ab}} = \frac{1}{4 \times 9 \times 10^9 \ln\frac{D}{r}} \ [\text{F/m}]$$

自然対数を常用対数に変換して単位を変えると，

$$C_{ab} = \frac{0.02413}{2 \log_{10}\frac{D}{r}} \ [\mu\text{F/km}]$$

となる。

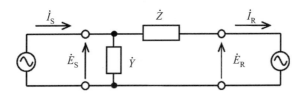

3–8 上図のように電圧，電流を定義すると，電圧・電流と F パラメータには，

$$\begin{bmatrix} \dot{E}_S \\ \dot{I}_S \end{bmatrix} = \begin{bmatrix} \dot{A} & \dot{B} \\ \dot{C} & \dot{D} \end{bmatrix} \begin{bmatrix} \dot{E}_R \\ \dot{I}_R \end{bmatrix}$$

の関係があるから，定義に基づいて F パラメータを求めれば，

$$\dot{A} = \left.\frac{\dot{E}_S}{\dot{E}_R}\right|_{\dot{I}_R=0} = \frac{\dot{E}_S}{\dot{E}_S} = 1 \qquad \dot{B} = \left.\frac{\dot{E}_S}{\dot{I}_R}\right|_{\dot{E}_R=0} = \frac{\dot{E}_S}{\frac{\dot{E}_S}{\dot{Z}}} = \dot{Z}$$

$$\dot{C} = \left.\frac{\dot{I}_S}{\dot{E}_R}\right|_{\dot{I}_R=0} = \frac{\dot{I}_S}{\frac{\dot{I}_S}{\dot{Y}}} = \dot{Y}$$

$$D = \left.\frac{\dot{I}_S}{\dot{I}_R}\right|_{\dot{E}_R=0} = \frac{\dot{I}_S}{\frac{\frac{1}{\dot{Y}}}{\dot{Z}+\frac{1}{\dot{Y}}}\dot{I}_S} = \frac{\dot{I}_S}{\frac{1}{\dot{Z}\dot{Y}+1}\dot{I}_S} = \dot{Z}\dot{Y} + 1$$

となる。

なお，
$$\begin{bmatrix} \dot{A} & \dot{B} \\ \dot{C} & \dot{D} \end{bmatrix} = \begin{bmatrix} 1 & 0 \\ \dot{Y} & 1 \end{bmatrix} \begin{bmatrix} 1 & \dot{Z} \\ 0 & 1 \end{bmatrix} = \begin{bmatrix} 1 & \dot{Z} \\ \dot{Y} & \dot{Z}\dot{Y}+1 \end{bmatrix}$$

と求めてもよい。

3–9　一般に，分布定数回路における双曲線関数を用いた電圧と電流に関する波動方程式の一般解は以下のように示される。

$$\dot{E}(x) = \alpha \cosh \dot{\gamma} x + \beta \sinh \dot{\gamma} x$$

$$\dot{I}(x) = -\frac{1}{\dot{Z}_0}\left(\alpha \sinh \dot{\gamma} x + \beta \cosh \dot{\gamma} x\right)$$

今，$x = 0$ のとき

$$\dot{E}(0) = \dot{E}_S = \alpha \cosh \dot{\gamma} 0 + \beta \sinh \dot{\gamma} 0 = \alpha$$

$$\dot{I}(0) = \dot{I}_S = -\frac{1}{\dot{Z}_0}\left(\alpha \sinh \dot{\gamma} 0 + \beta \cosh \dot{\gamma} 0\right) = -\frac{\beta}{\dot{Z}_0}$$

また，$x = l$ のとき

$$\dot{E}(l) = \dot{E}_R = \alpha \cosh \dot{\gamma} l + \beta \sinh \dot{\gamma} l$$

$$\dot{I}(l) = \dot{I}_R = -\frac{1}{\dot{Z}_0}\left(\alpha \sinh \dot{\gamma} l + \beta \cosh \dot{\gamma} l\right)$$

したがって，

$$\dot{E}_R = \dot{E}_S \cosh \dot{\gamma} l - \dot{Z}_0 \dot{I}_S \sinh \dot{\gamma} l \qquad \cdots ①$$

$$\dot{I}_R = -\frac{\dot{E}_S}{\dot{Z}_0} \sinh \dot{\gamma} l + \dot{I}_S \cosh \dot{\gamma} l \qquad \cdots ②$$

これを $\dot{E}_\mathrm{S}$, $\dot{I}_\mathrm{S}$ について解く。

まず, ① より,

$$\dot{E}_\mathrm{S} = \frac{1}{\cosh \dot{\gamma} l}\dot{E}_\mathrm{R} + \dot{Z}_0 \dot{I}_\mathrm{S} \frac{\sinh \dot{\gamma} l}{\cosh \dot{\gamma} l}$$

が得られ, これを ② に代入すると,

$$
\begin{aligned}
\dot{I}_\mathrm{R} &= -\frac{\dot{E}_\mathrm{R}}{\dot{Z}_0}\frac{\sinh \dot{\gamma} l}{\cosh \dot{\gamma} l} - \dot{I}_\mathrm{S}\frac{\sinh^2 \dot{\gamma} l}{\cosh \dot{\gamma} l} + \dot{I}_\mathrm{S}\cosh \dot{\gamma} l \\
&= -\frac{\dot{E}_\mathrm{R}}{\dot{Z}_0}\frac{\sinh \dot{\gamma} l}{\cosh \dot{\gamma} l} + \dot{I}_\mathrm{S}\frac{\cosh^2 \dot{\gamma} l - \sinh^2 \dot{\gamma} l}{\cosh \dot{\gamma} l} \\
&= -\frac{\dot{E}_\mathrm{R}}{\dot{Z}_0}\frac{\sinh \dot{\gamma} l}{\cosh \dot{\gamma} l} + \dot{I}_\mathrm{S}\frac{1}{\cosh \dot{\gamma} l} \\
\dot{I}_\mathrm{S} &= \frac{\sinh \dot{\gamma} l}{\dot{Z}_0}\dot{E}_\mathrm{R} + \dot{I}_\mathrm{R}\cosh \dot{\gamma} l
\end{aligned}
$$
$\cdots$③

これを ① に代入して,

$$\dot{E}_\mathrm{R} = \dot{E}_\mathrm{S}\cosh \dot{\gamma} l - \dot{E}_\mathrm{R}\sinh^2 \dot{\gamma} l - \dot{Z}_0 \dot{I}_\mathrm{R}\sinh \dot{\gamma} l \cosh \dot{\gamma} l$$

$$
\begin{aligned}
\dot{E}_\mathrm{S} &= \frac{1 - \sinh^2 \dot{\gamma} l}{\cosh \dot{\gamma} l}\dot{E}_\mathrm{R} + \dot{Z}_0 \dot{I}_\mathrm{R}\sinh \dot{\gamma} l \\
&= \dot{E}_\mathrm{R}\cosh \dot{\gamma} l + \dot{Z}_0 \dot{I}_\mathrm{R}\sinh \dot{\gamma} l
\end{aligned}
$$

となる。つまり,

$$\dot{E}_\mathrm{S} = \dot{E}_\mathrm{R}\cosh \dot{\gamma} l + \dot{Z}_0 \dot{I}_\mathrm{R}\sinh \dot{\gamma} l$$

$$\dot{I}_\mathrm{S} = \frac{\sinh \dot{\gamma} l}{\dot{Z}_0}\dot{E}_\mathrm{R} + \dot{I}_\mathrm{R}\cosh \dot{\gamma} l$$

であるから, F パラメータは,

$$
\begin{bmatrix} \dot{A} & \dot{B} \\ \dot{C} & \dot{D} \end{bmatrix} = \begin{bmatrix} \cosh(\dot{\gamma} l) & \dot{Z}_0 \sinh(\dot{\gamma} l) \\ \frac{1}{\dot{Z}_0}\sinh(\dot{\gamma} l) & \cosh(\dot{\gamma} l) \end{bmatrix}
$$

となる。

3–10　(1) 等価回路と四端子定数

$$X_{\mathrm{L}} = x_{\mathrm{L}}l = 2.1 \times 100 = 210 \ \Omega$$

$$\begin{bmatrix} \dot{A} & \dot{B} \\ \dot{C} & \dot{D} \end{bmatrix} = \begin{bmatrix} 1 & \dot{Z} \\ 0 & 1 \end{bmatrix} = \begin{bmatrix} 1 & j210 \\ 0 & 1 \end{bmatrix}$$

(2) 無負荷時受電端電圧

無負荷であるから，受電端電圧は送電端と同じ 110kV となる。

(3) 送電端電流の大きさは，

$$I = \frac{P}{\sqrt{3}V\cos\theta} = \frac{20 \times 10^6}{\sqrt{3} \times 100 \times 10^3 \times 0.9} = 128.3 \ \mathrm{A}$$

であるから，送電端電圧（相電圧）は，

$$\begin{aligned}
\frac{V_{\mathrm{S}}}{\sqrt{3}} &= \sqrt{\left(\frac{V}{\sqrt{3}} + ZI\sin\theta\right)^2 + (ZI\cos\theta)^2} \\
&= \sqrt{\left(\frac{100 \times 10^3}{\sqrt{3}} + 210 \times 128.3 \times \sqrt{1 - 0.9^2}\right)^2 + (200 \times 128.3 \times 0.9} \\
&= 73{,}590
\end{aligned}$$

であるから，送電電圧（線間電圧）は，

$$V_{\mathrm{S}} = \sqrt{3} \times 73{,}590 = 127.5 \ \mathrm{kV}$$

となる。

※もちろん，送電端電流を $\dot{I} = Ie^{-j\phi} = I(\cos\phi - j\sin\phi)$ として，

$$\begin{aligned}
\dot{E}_{\mathrm{S}} &= \dot{E} + \dot{Z}\dot{I} = \frac{100 \times 10^3}{\sqrt{3}} + j210 \times 128.3\left(0.9 - j\sqrt{1^2 - 0.9^2}\right) \\
&= 73{,}590\angle 19.24° \ \mathrm{V}
\end{aligned}$$

$$V_{\mathrm{S}} = \sqrt{3}E_{\mathrm{S}} = \sqrt{3} \times 73{,}590 = 127.5 \ \mathrm{kV}$$

と計算してもよい。

したがって，電圧変動率は，

$$\varepsilon = \frac{\Delta V}{V_{\mathrm{R}}} = \frac{V_{\mathrm{S}} - V_{\mathrm{R}}}{V_{\mathrm{R}}} = \frac{127.5 - 100}{100} = 0.275$$

となる。

3–11 $P = \sqrt{3}VI\cos\phi$ より，送電線電流は，

$$I = \frac{P}{\sqrt{3}V\cos\phi} = \frac{2{,}000 \times 10^3}{\sqrt{3} \times 22 \times 10^3 \times 0.8} = 65.61 \text{ A}$$

であるから，となるから，線路損失は，

$$P_{\mathrm{loss}} = 3I^2 R = 3 \times (65.61)^2 \times 8 = 103.3 \text{ kW}$$

3–12 送電線の F パラメータは，

$$\begin{bmatrix} \dot{A} & \dot{B} \\ \dot{C} & \dot{D} \end{bmatrix} = \begin{bmatrix} 1 & j40 \\ 0 & 1 \end{bmatrix}$$

であるから，送電端電力方程式は，

$$P_{\mathrm{S}} + jQ_{\mathrm{S}} = \frac{\dot{D}^*}{\dot{B}^*}V_{\mathrm{S}}^2 - \frac{1}{\dot{B}^*}V_{\mathrm{S}}V_{\mathrm{R}}e^{j\delta} = \frac{1}{-j40} \times 240^2 - \frac{1}{-j40} \times 240 \times 220e^{j\theta}$$

$$= j1440 + 1320e^{j(\theta - 90°)} \text{ MVA}$$

同様に，受電側も方程式を求めれば，

$$P_{\mathrm{R}} + jQ_{\mathrm{R}} = \frac{1}{\dot{B}^*}V_{\mathrm{S}}V_{\mathrm{R}}e^{-j\theta} - \frac{\dot{A}^*}{\dot{B}^*}V_{\mathrm{R}}^2$$

$$= \frac{240 \times 220}{-j40}e^{-j\theta} - \frac{220^2}{-j40}$$

$$= -j1{,}210 + 1{,}320e^{j(90° - \theta)}$$

となる。

これを円線図として描けば，

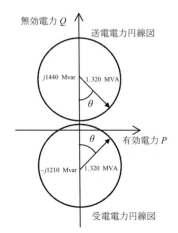

送電端電力円線図

中心座標：$(0\ \text{MW},\ 1{,}440\ \text{MVar})$

半径：$1{,}320\text{MVA}$

受電端電力円線図

中心座標：$(0\ \text{MW},\ -1{,}210\ \text{MVar})$

半径：$1{,}320\text{MVA}$

（系統の安定度を無視すれば）$\theta = 90°$ のところで最大となるから，最大受電電力は，$1{,}320\ \text{MW}$ となる。

3–13　(1)　$\begin{bmatrix} \dot{A} & \dot{B} \\ \dot{C} & \dot{D} \end{bmatrix} = \begin{bmatrix} 1 & j50 \\ 0 & 1 \end{bmatrix}$

(2)　$\dot{W}_\text{R} = \dfrac{1}{\dot{B}^*}V_\text{S}V_\text{R}e^{-j\theta} - \dfrac{\dot{A}^*}{\dot{B}^*}V_\text{R}^2 = \dfrac{160 \times 154}{50}e^{j(90°-\theta)} - \dfrac{154^2}{-j50}$

$\qquad = 492.8e^{j(90°-\theta)} - j474.3$

したがって，中心座標は，$(0,\ -474.3\ \text{MVar})$，半径は $492.8\ \text{MVA}$

(3)　円線図は下図。

(4)　受電端電力方程式より，

$$P_\text{R} = 300 = 492.8\cos(90° - \theta)$$

$$\theta = 90° - \cos^{-1}\left(\dfrac{300}{492.8}\right) = 37.5°$$

このときの受電端無効電力は

$$Q_\text{R} = 492.8\sin(90° - 37.5°) - 474.3 = -83.34\ \text{MVar}$$

であるから，

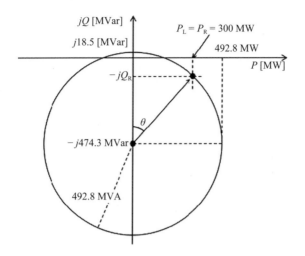

$$Q_{\mathrm{C}} = Q_{\mathrm{R}} = -83.34 \text{ MVar}。$$

もちろん，円線図から三平方の定理を用いて，

$$Q_{\mathrm{R}} = -474.3 + \sqrt{492.8^2 - 300^2} = 83.34 \text{ MVar}$$

と求めてもよい。

(5)　(4) から遅れの無効電力を系統に注入する必要があるので，コンデンサ

(6)　円線図より，$P_{\mathrm{R}} = \sqrt{492.8^2 - 474.3^2} = 133.8 \text{ MW}$ のとき。

3–14　線路の四端子定数は，

$$\begin{bmatrix} \dot{A} & \dot{B} \\ \dot{C} & \dot{D} \end{bmatrix} = \begin{bmatrix} 1 & 20+j50 \\ 0 & 1 \end{bmatrix}$$

となる。

受電端電力方程式は，

$$P_{\mathrm{R}} + jQ_{\mathrm{R}} = -\left(m' + jn'\right) E_{\mathrm{R}}^2 + \frac{E_{\mathrm{S}} E_{\mathrm{R}}}{b} e^{j(\beta-\theta)}$$

$$= -\frac{1}{20 - j50} \times \left(\frac{70}{\sqrt{3}}\right)^2 + \frac{77 \times 70}{3 \times \sqrt{20^2 + 50^2}} e^{j\left(\tan^{-1}\frac{50}{20} - \theta\right)}$$

$$= -(11.264 + j28.161) + 33.363 e^{-j(\theta - 68.199°)}$$

$$= -11.264 + 33.363 \cos(68.199° - \theta)$$

$$+ j\left(-28.161 + 33.363 \sin(68.199° - \theta)\right)$$

となる（円線図は省略）。

　題意により負荷の一相分の複素電力は，

$$P_{\mathrm{L}} + jQ_{\mathrm{L}} = 10 + j10 \times \frac{0.6}{0.8} = 10\mathrm{MW} + j7.5\mathrm{MVar}$$

であるから，有効電力の関係式より，位相差 θ を求めると，

$$10 = -11.26 + 33.36 \cos(\theta - 68.199°)$$

$$\theta = 68.199° - \cos^{-1}\left(\frac{10 + 11.264}{33.363}\right) = 17.793°$$

したがって，受電端無効電力は，

$$Q_{\mathrm{R}} = -28.161 + 33.363 \sin(68.199° - \theta)$$

$$= -28.161 + 33.363 \sin(68.199° - 17.793°)$$

$$= -2.453 \text{ MVar}$$

となる。

　以上のことから，電圧を指定値に保つために必要な調相容量（三相分）は，

$$3Q_{\mathrm{C}} = 3Q_{\mathrm{R}} - 3Q_{\mathrm{L}} = 3 \times (-2.453 - 7.5) = -29.86 \text{ MVar}（進み）$$

となる。

3-15 高調波障害等が発生する可能性が高いため。

3-16　　名称：フェランチ現象（フェランチ効果）

　　　　原因：軽負荷時には長距離送電線や電力ケーブルの並列キャパシタンス

成分により，ならびに容量性リアクタンス成分の大きい負荷が受
電端に接続されることなどにより送電線に進み電流が流れること
によって，受電端電圧が上昇する。

　　※なぜ進み電流が流れると受電端電圧が上昇するのかについて
は，フェーザ図を描くなどして考えてみよう。

対策：並列回線もしくは使用していない送電線を解列する。

　　：受電端に分路リアクトルをしたり，変圧器や同期調相機を無負荷
運転するなど，誘導性リアクタンス成分を増加させる。

　　：需要家に力率改善用コンデンサの開放を要請する。

3–17 省略

3–18 需要率の定義から，この需要家の最大電力は，

$$最大電力 = 800\,\text{kW} \times 0.5 = 400\ \text{kW}$$

一方，一日の使用電力量から平均電力を求めれば，

$$平均電力 = 4{,}800\,\text{kWh} \div 24\,\text{h} = 200\,\text{kW}$$

したがって負荷率は，

$$負荷率 = 平均電力 \div 最大電力 = 200 \div 400 = 50\ \%$$

3–19 各設備の最大需要を $P_{11\sim13}$，$P_{21\sim22}$ とすれば，

$$P_{11} = 12 \times 0.55 = 6.6\ \text{kW}, \quad P_{12} = 13 \times 0.55 = 7.15\ \text{kW},$$

$$P_{13} = 8 \times 0.55 = 4.4\ \text{kW},$$

$$P_{21} = 10 \times 0.55 = 5.5\ \text{kW}, \quad P_{22} = 15 \times 0.55 = 8.25\ \text{kW},$$

であるから，変圧器 1 の最大電力は，

$$P_1 = (6.6 + 7.15 + 4.4) \div 1.25 = 14.52\ \text{kW},$$

一方，変圧器 2 の最大出力は，$P_2 = (5.5 + 8.25) \div 1.25 = 11.0$ kW であるので，総合最大電力は，両者の不等率を考慮すると，

$$P = (P_1 + P_2) \div 1.3 = (14.52 + 11.0) \div 1.35 = 18.9 \text{ kW}$$

となる。

3–20 (1) 図 (b) より，負荷群 1 の需要 + 負荷群 2 の需要は，15 時〜18 時の間に最大需要 100 kW となる。

(2) 不等率は，総合最大需要に対する各負荷の最大値の和の割合だから，

$$\frac{P_{1\,\text{max}} + P_{2\,\text{max}}}{P_{12\,\text{max}}} = \frac{60 + 60}{100} = 1.2$$

(3) 図より負荷群 1 および負荷群 2 の 1 日の電力量は，

$$W_1 = 10 \times 6 + 20 \times 6 + 50 \times 3 + 60 \times 3 + 40 \times 3 + 10 \times 3$$

$$= 660 \text{ kWh}$$

$$W_2 = 20 \times 6 + 30 \times 3 + 60 \times 3 + 40 \times 6 + 20 \times 6 = 870 \text{ kWh}$$

となるから，フィーダの平均電力は，

$$P_{\text{mean}} = \frac{W_1 + W_2}{24} = \frac{660 + 870}{24} = 63.75 \text{ kW}$$

(4) 負荷率は最大電力に対する平均電力の割合であるから，(1) および (3) の結果を用いて，

$$\text{負荷率} = \frac{P_{\text{mean}}}{P_{12\,\text{max}}} \times 100 = \frac{63.75}{100} \times 100 = 63.75 \text{ \%}$$

3–21 配電線の線電流は，

$$I = \frac{P}{V \cos\theta} = \frac{240 \times 10^3}{3,000 \times 0.8} = 100 \text{ A}$$

となる。したがって，配電線における電圧降下は，

$$v = I\,(R\cos\theta + X\sin\theta) = 100 \times (2 \times 1.0 \times 0.8 + 2 \times 0.5 \times 0.6) = 220 \text{ V}$$

であるから，送電端の相電圧は

$$V_S = V_R + v = 3{,}000 + 220 = 3{,}220 \text{ V}$$

$$※ \ \dot{V}_S = \dot{V}_R + \dot{I}\,(R + jX) = 3{,}000 + 100\,(0.8 - j0.6)\,(2.0 + j1.0)$$

$$= 3220.2\angle - 0.712° \text{ V}$$

と計算してもよい。

線路損失は，$P_{\text{loss}} = I^2 R = 100^2 \times 2 = 20 \text{ kW}$

3–22 配電線は三相であるから，配電線の線電流は，

$$I = \frac{\frac{P}{\eta}}{\sqrt{3}V\cos\phi} = \frac{\frac{7.46\times10^3}{0.87}}{\sqrt{3}\times 200 \times 0.85} = 29.1 \text{ A}$$

となる。したがって，相電圧における電圧降下は，

$$v = I(R\cos\phi + X\sin\phi)$$

$$= 29.1 \times (0.0944 \times 0.85 + 0.0506 \times \sqrt{1 - 0.85^2} = 3.11 \text{ V}$$

であるから，送電端の相電圧は

$$E_S = E_R + v = \frac{200}{\sqrt{3}} + 3.11 = 118.58 \text{ V}$$

したがって，配電線の電圧（線間電圧）は，

$$V_S = \sqrt{3}E_R = \sqrt{3} \times 118.58 = 205.39 \text{ V}$$

となる。

※もちろん，

$$\dot{E}_S = \dot{E}_R + \dot{z}\dot{I}$$

$$= \frac{200}{\sqrt{3}} + (0.0944 + j0.0506) \times 29.1\left(0.85 - j\sqrt{1 - 0.85^2}\right)$$

$$= 118.58\angle - 00945° \text{ V}$$

と厳密に求めてから，

$$V_S = \sqrt{3}E_R = \sqrt{3} \times 118.58 = 205.39 \text{ V}$$

と計算してもよい。

3–23　インピーダンス $\dot{z}_1$ に流れる電流を $\dot{I}$ とすれば，

$$\dot{I} = \dot{I}_1 + \dot{I}_2 = 40\left(0.8 - j\sqrt{1 - 0.8^2}\right) + 60\left(0.7 - j\sqrt{1 - 0.7^2}\right)$$
$$= 82.8 - j43.45 = 93.51\angle - 27.69° \quad \text{A}$$

したがって電圧降下は，

$$v = v_1 + v_2 = r_1 I \cos\phi + x_1 I \sin\phi + r_2 I_2 \cos\phi_2 + x_2 I_2 \sin\phi_2$$
$$= 0.12 \times 82.8 + 0.06 \times 43.45$$
$$\quad + 0.1 \times 60 \times 0.7 + 0.05 \times 60 \times \sqrt{1 - 0.7^2}$$
$$= 14.73 \text{ V}$$

線路損失は，

$$P_{\text{loss}} = P_{\text{loss1}} + P_{\text{loss2}} = r_1 I^2 + r_2 I_2^2$$
$$= 0.12 \times 93.51^2 + 0.1 \times 60^2$$
$$= 1,409 \text{ W}$$

3–24　a 充電（無負荷）　b 負荷　c 過　d 遮断器

引用・参考文献

1) 白川晋吾，寺門修一，小沢淳，大石一哉，広瀬義昭：送電用避雷装置，日立評論，pp.115-122，Vol.72，No.9，1990.
2) 電気学会電気規格調査会標準規格 JEC-0222-2009 「電線路の公称電圧」
3) 関根，林，芹澤，豊田，長谷川：電力系統工学，コロナ社，1979 年.

4) 長谷川, 大山, 三谷, 斉藤, 北：電力系統工学, 電気学会,
5) 横山, 太田：電力系統安定化システム工学, コロナ社
6) 奈良, 佐藤：システム工学の数理手法, コロナ社, 1996 年.
7) 村山, 長谷川：電力工学, 森北出版,

4章　今後の電力システム

　第二次世界大戦後，我が国の電力供給システムは 10 社の電力会社による垂直統合型の構造をなしていた。それは大規模発電による長距離送電を主とするものであった。しかしながら，近年，電力システムの法的規制の緩和を含む電力システムの制度改革がなされたとともに，小規模・分散システムを可能とする種々の個別技術の技術開発が目ざましく，現在の電力システムは，大きな変革期を迎えている。

　本章では，4.1 で電力システムの制度改革やスマートグリッドに代表される新しい電力供給システム，並びにその実現を支える個別技術を紹介する。4.2 では，将来の電力システムの展望について，自学自習として調査する項目を挙げ，能動的授業で学習する際のモデルを示している。

4.1　これまでの電力システム

4.1.1　電力システムの改革

　我が国の電気事業の体制は，第二次世界大戦後永らく電気事業法（以下，法）が改正されずに 10 社の一般電気事業者（北海道電力，東北電力，東京電力，中部電力，北陸電力，関西電力，中国電力，四国電力，九州電力，沖縄電力）による地域独占による発送配電一貫体制による電力供給体制がとられてきた。しかしながら，国内外の電気事業その他事業の制度改革の影響を受け，我が国においても 1995 年から段階的に電気事業法が改正され，電気事業制度の改革（この改正は，「電力規制緩和」，もしくは「電力自由化」と呼ばれている）が行われてきた。2013 年には「電力システム改革に関する改革方針」が閣議決定された。その前後における制度改正の概要は次の通りである。

(1)　電力システム改革前

(a)　卸電力供給部門

　1995年の法改正により，電力卸売分野の規制が部分的に緩和された。すなわち，火力発電による卸電力供給に入札制度が設けられ，**独立系発電事業者**（**Independent power producer, IPP**）による卸供給が可能となった。2004年には日本卸電力取引所が設立され，2005年から火力発電による全面入札制度を廃止し，卸電力取引所の運営が始まった。

(b)　送配電部門

　発電部門の規制緩和により，多くの事業者が送配電ネットワークを利用する機会が増えてきたことから，2003年には送配電ネットワークの監視を行う中立機関を指定することが法改正に盛り込まれ，翌年には「電力系統利用協議会」が設立されて中立機関として指定された。なお，後述のように2015年には解散し，その機能は「電力広域的運用推進機関」が担っている。

(c)　小売部門

　特定電気事業者制度が設けられ，電気事業法における規制対象の電気事業者として，一般電気事業者，および卸電気事業者に加えて，特定電気事業者が創設され，小売分野の一部の規制が緩和された（1995年の法改正）。さらに特定規模電気事業制度が設けられ，**特定規模電気事業者**（**Power producer and supplier, PPS**）が加えられた。これにより特定規模電気事業者による一般電気事業者の送配電ネットワークを利用した小売電力供給の規制が大幅に緩和された。1997年の法改正では特定規模電力需要は2,000kW以上であったが，段階的に引き下げられ2001年には500kW，その翌年には50kWとなり，2016年4月からは電気事業法が大幅に改正され小売部門が全面自由化された。

(2)　電力システム改革後

2013年に閣議決定された「電力システム改革に関する改革方針」では，

・安定供給の確保
・電気料金の最大限の抑制
・需要家の選択肢や事業者の事業機会の拡大

を電力システム改革の目的として，これを達成するために以下の三段階の改革
が示された。

・広域系統運用の拡大
・小売および発電の全面自由化
・法的分離の方式による送配電部門の中立性の一層の確保

　それを実行するために，2013年に第1弾改正，2014年に第2弾改正，およ
び2015年に第3弾の電気事業法の改正がなされた。
　以下に電力システム改革の主要点を述べる。

(3)　「電力広域的運用推進機関」の創設

　これまでは電力系統利用協議会が中立機関として送配電ネットワークの中立・
公正・平等な運用を行ってきたが，配電ネットワークの利用のみならず，地域
ごとに行われていた電力需給の管理を全国規模で効率的に行うことによって
電力系統の安定供給を強化するため，2015年4月に「**電力広域的運営推進機
関（Organization for cross-regional coordination of transmission
operators, JAPAN（略称：OCCTO（オクト））**」が発足した。
　電力広域的運用推進期間は，後述するすべての種類の電気事業者が構成員と
なり，主として次の業務を行っている。

・全国規模における需要想定・供給計画の取りまとめ
・広域系統長期方針・整備計画の策定

・需要ひっ迫時対応，連系線管理，広域基幹システムの運用
・需要および系統状況の監視・管理
・スイッチング支援システムの運用
・事業者間の苦情処理やトラブル調停

　なお，評議員には事業者以外の中立的立場の者が就任し，日常の組織運営を統括する理事会を中立的立場からチェックし，助言を与えている。

(4)　電気事業区分の改正

　電力システムは社会生活を営む基本インフラのひとつであることから，電気事業（売電するために発電したり，送配電したり，小売りしたりする事業）の運営は電気事業法によって規制を受けている。第二次世界大戦後永らく我が国の電気事業者は，10 社の一般電気事業者と一般電気事業者に電力を供給する卸電気事業者の二種類のみであった。これらに加えて，1995 年の法改正では特定規模電気事業者，および卸供給事業者（独立系発電事業者），2000 年では特定規模電気事業者が電気事業者に加えられた。

　2014 年の法改正では「電力システム改革」の目的を達成するために電気事業の枠組みが見直され，以下の種類の電気事業が規定された。

・小売電気事業：小売供給（一般の需要に応じ電気を供給すること）を行う事業
・一般送配電事業：自らが維持・運用する送電用及び配電用電気工作物によりその供給区域において託送供給及び発電量調整供給を行う事業（ただし，発電事業に該当する部分を除く）
・送電事業：自らが維持・運用する送電用の電気工作物により一般送配電事業者に振替供給を行う事業
・特定送配電事業：自らが維持・運用する送電用及び配電用電気工作物により特定の供給地点において小売供給又は小売電気事業若しくは一般送配電事業を営む他の者にその小売電気事業若しくは一般送配電事業の用に供するための電気に係る託送供給を行う事業

・発電事業：自らが維持・運用する発電用の電気工作物を用いて小売電気事業，一般送配電事業又は特定送配電事業の用に供するための電気を発電する事業

(5) 発送電の分離

電力システム改革以前は旧一般電気事業者が小売を含む発送配電を一体的に担ってきた「垂直統合型電気事業」の形態をとってきた。2015年の電力システム改革の第3弾である法改正により，2020年から送配電部門の中立性を一層確保する観点から，発電・小売事業と送配電事業の兼業が原則禁止された（送配電事業の「法的分離」）。なお，これに伴い，一般送配電会社や送電事業者がグループ内の小売会社を優遇するなどして，小売競争の中立性・公平性を損なうことがないようにするために，人事や会計などについて適切な「行為規制」も講じられる。

なお，電力システム改革第3弾では，他のエネルギーシステムも合わせた統合的なエネルギー供給事業に関する規制の緩和として，電力システムだけでなく，都市ガス供給システム，および熱供給システムに関する制度改革も盛り込まれている。

4.1.2 新しい電力流通システム

電力システムを取り巻く環境が大きく変化するなかで，出力を制御できない再生可能エネルギー発電源が電力システムに無秩序に大量連系されると，電力システムにおける予備力確保の問題や配電系統における電力品質の低下などが懸念される。低廉かつ高品質な電力供給を安定して維持するためには，さまざまな技術的な工夫が必要となってきた。そうした背景から，従来の電力システムをさらに「賢く」発展させる必要性が指摘され，近年，スマートグリッドなどの新しいタイプの電力流通システムが提案されている。従来システムは「配電システム」という言葉で表されているように，電力システムから需要家に一方向で「電気を配る」（配電）ことを前提としてシステムが構築されているのに対し，新しいシステムでは，あらかじめ電力システムの末端（需要家サイド）にエ

ネルギー源（電源や蓄電池など）が存在することを前提として，ネットワーク内
に「電力を流通させる」ことができるように電力システムを再構築するもので
ある。このような新しい電力流通システムの実現には，電力システム改革によ
る事業制度の改革のみならず，オンサイト用小型分散電源の開発や**情報通信技
術（Information and communication technology：ICT** や，**Internet
of Things：IoT）**の発展，それらの高度な制御技術の開発に寄るところが大
きい。

　スマートグリッドに代表される新しい電力供給システムの実証研究は世界各
所で進められ，スマートグリッドを支える種々の個別技術の研究開発は日進月
歩であるため，現時点の開発動向を記したところですぐに陳腐化してしまうこ
とから，本書では，次節でこうした技術の最新情報を調査して自学自習するこ
とを前提として，ここでは代表的な新電力供給システムとして期待されている
スマートグリッドの概念，ならびにその実現に欠くことのできない個別技術の
トピックを紹介する。

(1)　スマートグリッド

　スマートグリッドに代表される新しいタイプの電力グリッドは，我が国を含
め世界中でさまざまな実現形態が提案されているものの，国内外においてその
システム構成や運用・制御技術について，世界共通の「定義」がなされている
とは言えない。世界各国で提案されている新しいタイプの電力グリッドは，次
の特徴を持つシステムであると認識してよいと考えられる。すなわち，

・従来からの集中型大規模電源や送配電系統と一体的運用ができる
・不特定多数の再生可能エネルギー電源や電気自動車を連系可能である
・上記の場合においても，電力品質を現状を下回らないように維持できる
・場合によっては，品質別・供給者別の電力を供給できる
・配電網がループを含むネットワークの形態をなす
・小規模グリッド単位で，短時間におけるエネルギー受給バランスのマッチン

グが可能である

・スマートメータ等を利用して，従来システムに比べて電力供給に関する取得可能・利用可能な情報量が非常に多い

・情報ネットワークにより，柔軟かつ高速なシステム制御が可能である。

・人工知能等の高度な制御アルゴリズムが適用される

などである。経済産業省が示したスマートグリッドの概念図を**図 4–1** に示す。従来の大電力発電・長距離送電システムに加えて，再生可能エネルギー発電や蓄電池・電気自動車，HEMS (Home Energy Management System) や BEMS (Building and Energy Management System)，情報通信網もすべてスマートグリッドの構成要素となる。

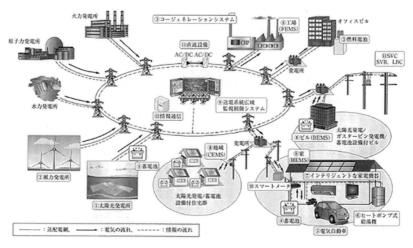

図 4–1　スマートグリッドの概念図[1)]

こうした新しい電力供給システムについての研究・開発は比較的古くからなされてきた。そのなかで我が国は 1997 年には電気学会電力・エネルギー部門誌で「新しい電力輸送・供給システム」特集号[2)] が刊行されるなど，世界に先駆けて新しい電力供給システムの実現に向けた基礎検討がなされてきた。

　本書では，まだ明確に定義されていないスマートグリッドの具体的構成を記載することは避け，電力システムに関する自由化からスマートグリッドの基礎を学習するに適した良書を参考文献としてあげることにとどめる。

(2)　分散電源・蓄電装置

(a)　ガスタービン，ガスエンジンの小型化

　従来のガスタービンやガスエンジンは，スケールメリットの観点から大規模な産業用システムとして発展してきた。近年の技術開発により，高効率で数キロ～数百ワットの小型ガスタービン発電が開発されている。また，ガスエンジンは，民生用の小型ガスコージェネシステム用システムとして開発され，実用化されている。

(b)　太陽電池

　太陽光発電は，太陽光の日射によって発電するため，太陽高度に関係する時間と季節，日々の天候によって，出力は大きく左右されるため，発電効率の向上のため，変換効率の高い太陽電池パネルの設置，日射状況が良好な場所への設置が必要である。

　太陽発電は日射の状況変化によって出力が大きく変動するため，電力貯蔵装置と天候予測に基づく太陽発電出力の予測を組み合わせて，系統連系した系統に出力変動の影響を抑えるシステムが開発されている。

　火力発電所に匹敵する出力を持つ，メガソーラ発電所も多く建設されてきている。

(c)　風力発電

　風力発電は，天候及び設置地点の風向状況に左右され，太陽光発電と同様に出力は大きく変動する。風力発電に適した地点は比較的需要地から離れている場合が多く，系統に連系する電力系統の送電容量が小さい場合も多い。また，ブレード回転時の低周波による騒音問題もあり，需要家側に設置する場合解決す

べき問題も多い。

(3) デマンドレスポンス

デマンドレスポンスとは積極的な負荷側の需要制御機能であり，負荷の抑制，負荷のタイムシフト等が該当する。デマンドレスポンスの分類例として，(1) インセンティブ制度，(2) 電気料金価格の設定などがある。

インセンティブ制度とは，たとえば電気事業者と需要家が契約を交わし，使用電力が発電電力を上回ることが予想される場合，負荷の抑制・遮断を実施する。需要家は契約時一定の割引を得られ，経済的なメリットがある。

電気料金価格の設定とは，電気事業者が時間帯別に電気料金を設定して，需要家が，比較的高価格な電気料金時間帯の負荷を，比較的低価格の時間帯へ負荷をシフトする。

(4) IoT，ICT，スマートメータ

分散電源の出力と負荷の効果的な使い方を可能とするには，分散電源の出力，電力貯蔵装置，負荷需要の情報を利用するため，各所にセンサーと情報通信を組み合わせたスマートメータが必要である。また，常時情報通信網に接続された家電機器（IoT 機器）も市販され，遠方からスマートフォンなどの移動端末で制御できるなど，ICT 技術を利用することにより需要家サイドでリアルタイムな電力需給制御が可能となっている。

(5) 直流電力の活用

需要家が所有する電気機器には，交流から直流に変換して使用するものが少なくない。また，太陽発電も直流の発電である。変換効率を考慮すると，電気機器に直流で電力供給すると効率的な場合も考えられる。しかしながら，事故時の直流遮断も課題のひとつである。

4.2　将来の電力システム

　本節では今後の発展が期待される項目をいくつか列挙する。節末で示す文献を参考にして自学自習として最新の情報を調査して欲しい。

(a) 分散電源の普及状況：種類別・各国の比較・年代推移に調査するとよい。

(b) 地域熱電併給システムの事例：エネルギー源・熱生成法，供給エリアの広さ，設置・運営者，設置年代などの観点から整理するとよい。

(c) 実用化されている家庭用コジェネレーションシステム：エネルギー源・熱生成方法，定格熱・電気出力，価格などの観点から整理するとよい。

(d) スマートハウス・スマートグリッド・スマートコミュニティ・スマートシティ等の事例：電源の種類，蓄電池の有無と運用方法，電力以外の供給エネルギーの種類，設置者などの観点から整理するとよい。

(e) スマートメータの仕組み：必要な機能，普及状況，国際標準，問題点などの観点から調査するとよい。

(f) エネルギー供給における IoT 技術の活用：電力システムに限らず，エネルギー供給に IoT 技術を活用することによる利点と欠点を列挙し，それらを取り上げた根拠を整理しよう。

(g) 水素エネルギーの活用：エネルギー流通の手段のひとつに水素エネルギーの利用するアイディアがある。水素エネルギーの製造，輸送，貯蔵，および利用（消費）技術，の観点から調査しよう。

　講義の形態として**能動的授業（Active learning，AL）**をとる場合には，小グループで各項目について調査および発表を行うことでより効果的に知識の定着を図ることができる。その際，各項目について，以下の視点から意見が出るように促すと効果的である。

・需要家側の視点
・電力供給者側の視点

・技術開発者の視点
・（項目によっては）自治体・政府の視点

　なお，40名程度のクラス形態に対して能動的授業を行う場合には，以下の順序で授業をすすめることを想定している。

1. 調査項目の提示
2. グループの結成
3. グループにおける役割分担の決定
4. 個人調査
5. グループにおいて議論・まとめ
6. 発表による情報共有と議論（単純なグループ発表ではなく，ファシリテーターを選出してディベートによる討論形式でもよい）

引用・参考文献
1) 経済産業省報告書：次世代エネルギーシステムに係る国際標準化に向けて，2010.1.
2) 電気学会：特集：新しい電力輸送・供給システム，電力・エネルギー部門誌，Vol.117-B，No.1，1997.
3) 電気学会スマートグリッド実現に向けた電力系統技術調査専門委員会：スマートグリッドを支える電力システム技術，オーム社，2014.12.
4) 横山（監）：電力自由化と技術開発，東京電機大学出版局，2001.9.
5) 奈良（編）：「電力自由化と系統技術―新ビジネスと電気エネルギー供給の将来」，電気学会，2008.9.
6) 林，他：「スマートグリッド学戦略・技術・方法論」，日本電気協会，2010.12.
7) 新田目：「電力システム ―基礎と改革―」，電気書院，2015.3.
8) 大山，他：「電気の未来 スマートグリッド」，電気新聞，2011.8.
9) 横山，他：「スマートグリッドの構成技術と標準化」，日本規格協会，2010.6.
10) 電気学会：「分散型電源有効活用のための電力系統技術」，電気学会技術報告1025号，2005.6.
11) 電気学会：「競争環境下の新しい系統運用技術」，電気学会技術報告1038号，2005.11.
12) 電気学会：「マイクログリッド・スマートグリッドを含む新電力供給システムの研究動向」，電気学会技術報告1229号，2011.7.

索　引

著者略歴

加藤　克巳（かとう　かつみ）（1章，2.1，2.2，2.4.3〜2.4.5，2.5，3.1，3.4，3.5）
　　1992 年　名古屋大学工学部電気工学科卒業
　　1994 年　名古屋大学大学院工学研究科博士課程前期課程修了
　　1997 年　名古屋大学大学院工学研究科博士課程後期課程修了　博士（工学）
　　1997 年　名古屋大学助手（大学院工学研究科電気工学専攻）
　　2007 年　名古屋大学助教（大学院工学研究科電気工学専攻）
　　2009 年　新居浜工業高等専門学校准教授（電気情報工学科）
　　　　　　　現在に至る

三島　裕樹（みしま　ゆうじ）（3.2，3.3）
　　1992 年　旭川工業高等専門学校電気工学科卒業
　　1994 年　秋田大学鉱山学部電気工学科卒業
　　1996 年　秋田大学大学院鉱山学研究科
　　　　　　　電気電子工学専攻修士課程修了
　　1999 年　北海道大学大学院工学研究科
　　　　　　　システム情報工学専攻博士後期課程修了　博士（工学）
　　1999 年　茨城大学助手（工学部）
　　2005 年　茨城大学講師（工学部）
　　2006 年　函館工業高等専門学校助教授（電気電子工学科）
　　2007 年　函館工業高等専門学校准教授（電気電子工学科）
　　2011 年　福島工業高等専門学校准教授（電気工学科）（教員交流）
　　2012 年　函館工業高等専門学校准教授（電気電子工学科）
　　2015 年　函館工業高等専門学校教授（生産システム工学科）
　　　　　　　現在に至る

井口　傑（いぐち　まさる）（2.3，2.4.1，2.4.2，4）
　　1994 年　旭川工業高等専門学校電気工学科卒業
　　1996 年　北見工業大学工学部電気工学科卒業
　　1998 年　北見工業大学大学院工学研究科
　　　　　　　電気電子工学専攻修士課程修了
　　2001 年　北見工業大学大学院工学研究科
　　　　　　　システム工学専攻博士後期課程修了　博士（工学）
　　2002 年　旭川工業高等専門学校助手（電気工学科）
　　2003 年　旭川工業高等専門学校助教授（電気情報工学科）
　　2007 年　旭川工業高等専門学校准教授（電気情報工学科）
　　2014 年　函館工業高等専門学校准教授（生産システム工学科）（教員交流）
　　2015 年　旭川工業高等専門学校准教授（電気情報工学科）
　　2017 年　旭川工業高等専門学校教授（電気情報工学科）
　　　　　　　現在に至る

実践的技術者のための電気電子系教科書シリーズ
電力工学

2020年1月24日　初版第1刷発行

検印省略

著　者　加　藤　克　巳
　　　　三　島　裕　樹
　　　　井　口　　傑

発行者　柴　山　斐呂子

〒102-0082　東京都千代田区一番町27-2
電話 03（3230）0221（代表）
FAX03（3262）8247
振替口座　00180-3-36087番
http://www.rikohtosho.co.jp

発 行 所　理工図書株式会社

© 加藤　克巳　2020　　　　　Printed in Japan　ISBN978-4-8446-0890-5
印刷・製本　藤原印刷株式会社

〈日本複製権センター委託出版物〉
＊本書を無断で複写複製（コピー）することは、著作権法上の例外を除き、
禁じられています。本書をコピーされる場合は、事前に日本複製権セン
ター（電話：03-3401-2382）の許諾を受けてください。
＊本書のコピー、スキャン、デジタル化等の無断複製は著作権法上の例外
を除き禁じられています。本書を代行業者等の第三者に依頼してスキャン
やデジタル化することは、たとえ個人や家庭内の利用でも著作権法違反で
す。

★自然科学書協会会員★工学書協会会員★土木・建築書協会会員